知りたい！サイエンス

吉田信夫 = 著

ガリレオ・ガリレイは数学でもすごかった!?

数学から物理へ
名著「新科学対話」からの出題

ガリレオは**物理**だけではなく**数学**にも長けていた。実験、検証と**数学的論証**により理論の正しさを保証する現代的な科学の手法を追求したのである。それをまとめたのがガリレオの名著「**新科学対話**」である。現代風にアレンジして読み解く。

技術評論社

まえがき

　有名なガリレオ・ガリレイですが，その真の姿はあまり知られていません．ピサの斜塔での落下実験，シャンデリアで振り子の法則発見，地動説を主張しての「それでも地球は動く」という名言など，よく知られた逸話があります．これらのベースにあるのは，既存の概念にとらわれず，最新の科学的手法・実験結果を用いて，数学的な論証を重ねることで，知の世界を切り開いていったガリレオの生き方そのものです．そのことを広くしってもらうことが本書の目的です．

　ガリレオの人生の集大成としてまとめられたのが，名著「新科学対話」です．3人の登場人物が，4日間にわたりそれぞれの立場で科学について語り合い，議論していきます．

　1日目は雑多なテーマを扱っています．耐久力の話，無限の話，真空の話，振り子の話，音程の話，……と数多くの内容を議論しています．登場人物の1人がガリレオの代弁者で，旧理論を主張する人をやりこめていくのです．

　2日目にはテコの話をキッカケに，耐久力について本格的に議論していきます．

　3日目には物体の運動のことを議論しています．等速直線運動から自然落下までを扱います．ピサの斜塔の伝説の部分です．

4日目は,運動の中でも放物運動のことを考えています.「最も遠くまで砲弾を飛ばすにはどういう角度で打ち出すのが良いか?」という内容も含まれています.

対話相手に古い理論を語らせて,それを否定して,新しい理論の正当性を実験と数学的手法によって証明していくのです.物理的な内容が多く扱われていますが,実際には数学の本だと言えるくらいのものです.物理を生み出した人というイメージが強いガリレオですが,数学にも長けていたことがよく分かります.

古代の科学を盲信し続けていた時代の中,観察と数学によって真の科学を切り開いたガリレオ・ガリレイ.現代の視点から見ると議論が不十分であったり,結論が間違っていたりすることもありますが,そんなことで彼の偉業が色あせるものではありません.

本書では,数学と物理に関連して,ガリレオの手法,現代の手法を両方取り入れながら,ガリレオの解いた問題を考えていきます.高校数学・高校物理に関しては,参考文献も挙げておきますので,必要ならばそちらを参照しながら読み進めていただきたいと思います.高校の新しい科目として注目されている「理数探求」がありますが,その精神はまさにガリレオそのものです.

また,ガリレオの問題では「曲線」がキーワードになるものが多いです.本書でも曲線にスポットを当てているところがいくつもあります.その辺りも堪能できるようにガリレオの問題を紹介していきます.お楽しみに.

目　次

まえがき　3

第1章　ガリレオ・ガリレイってどんな人？　7

第2章　「新科学対話」とは？　＝第1, 2日＝　19

第3章　「新科学対話」とは？　＝第3, 4日＝　41

第4章　ガリレオ流　無限の取り扱い　73

第5章　これぞガリレオ　落下と振り子　87

第6章　予想を覆す　最速降下曲線　101

第7章　放物線のことを考える　125

第8章　エネルギーという近代的視点　141

参考文献　151
あとがき　152
索　引　154
著者プロフィール　159

第 1 章

ガリレオ・ガリレイって どんな人？

第 1 章 ガリレオ・ガリレイってどんな人？

　1564年イタリアのピサ郊外に生まれ，名言「それでも地球は動く」を残し，太陽の観測により視力を失いつつも，自らの人生の集大成として「新科学対話」を完成させ，その4年後1642年に生涯を終えたガリレオ・ガリレイ．

　「それでも地球は動く」という名言は創作ではないか，とも考えられています．この名言を残したのは，「地動説」を主張した著書「天文対話」を発行したことに端を発する裁判で，地動説を放棄することを誓う際だということになっています．

　このような伝説は他にもたくさん残されています．

　「ピサ大聖堂でシャンデリアが揺れている様子を観察していて振り子の周期が一定になることに気がついた」とか「落体の速度は重さによって変化することはない，ということを検証するためにピサの斜塔から重さの違う玉を落とす公開実験を行った」などが特に有名です．

　これらが事実であるかは分かりませんが，いくつもの伝説が残る偉大な人物だったということは間違いありません．

　では，ガリレオの偉大さはどこにあるのでしょうか？

それは，実験・検証と数学的論証のセットで理論の正しさを保証する現代的な科学の手法を追求したことです．しかも，時代の流れに逆らってそれを行ったことが魅力的です．そして，その代償として裁判で有罪となり，天体観測のために視力を失ってなお，自らの研究成果を残すために「新科学対話」を仕上げたのです．

　「天文対話」もそうですが，持論をストレートに展開すると異端扱いされてしまうため，対話形式にすることで「物語仕立て」にしたのです．「天文対話」は事前にローマ法王庁の許可を得て執筆したにも関わらず，権力争いなどのドロドロした裏事情があって，でっち上げ裁判が行われたという説もあるそうです．

　そのでっち上げかも知れない裁判であの名言が生まれたのです．

　そろそろ時代背景について少し説明しておきましょう．

　ガリレオの生きた時代は，マルティン・ルターによって始まった宗教改革を経てもなおカトリック教会，ローマ法王の力が絶大でした．

　また，「万学の祖」とも呼ばれる古代ギリシャの天才アリストテレスの理論を盲信し，錬金術や占星術などのあやしげな理論は発達していましたが，現代の意味での科学は育っていませんでした．

第 1 章 ガリレオ・ガリレイってどんな人？

　さらに，天文の分野では，古代ローマのクラウディオス・プトレマイオスがまとめた理論「天動説」が盲信されていました．これについては，当時の観測のレベルでは，天動説の間違いを指摘するのは難しかったようです．天動説を愚かな考え方と誤解されている人もいるかも知れませんが，実は，かなりの工夫がなされた美しい理論なのです．大きな天球の中に小さな天球が配置され，複雑な星達の動きを表現しようとしていたのです．

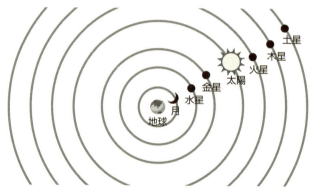

　天動説は，神が作った世界の中心として地球をとらえるところも，キリスト教世界で受け入れられやすかったようです．それを覆す「地動説」を唱えたのがニコラウス・コペルニクス（実は，紀元前にアリスタルコスという人が現代に近い地動説を述べていたそうで，地球の自転，太陽系の惑星の並び順を正確に把握していたそうです．ですから，ガリレオは「コペルニクスが地動説を再発見した」と述べていたようです）．

　コペルニクスの地動説は，惑星の軌道を円と考えていたために精度に限界がありました．惑星が楕円軌道を描いていることを突き止めたのがヨハネス・ケプラーです．

ガリレオは，地動説を唱え，自作の望遠鏡（オランダ人が発明したものを元に自ら望遠鏡理論を構築したそうです．やはり天才的です！）で星を観測して，地動説の正しさを確信しました．地動説の正しさの根拠の1つとして「潮の満ち引き」も挙げていたようですが，これは実際には月の引力によるもので，ガリレオの考えは誤りだったそうです．

　また，ガリレオにはケプラーの楕円軌道理論も受け入れられなかったそうです．「神が作ったものは完全であるはずだ」と考えていたようで，「中途半端な図形の楕円であるはずはなく，軌道は円に決まっている」と思っていたのです．この辺りは，時代相を反映していて，ご愛嬌．

　ケプラーと言えば，「ケプラーの法則」で有名です．

ケプラーの法則

　第一法則：惑星は太陽を1つの焦点とする楕円上を運動する
　第二法則：惑星と太陽を結ぶ線分が一定時間に通過する部分の
　　　　　　面積は時刻によらず一定である

第 1 章 ガリレオ・ガリレイってどんな人？

> 第三法則：惑星の公転周期 T の 2 乗 T^2 と，楕円の長半径 a の
> 3 乗 a^3 の比 $T^2 : a^3$ はすべての惑星で一定である

第二法則が少し分かりにくいですが，図のような意味です．

この法則は，太陽と惑星の間に働く引力が「2つの間の距離の2乗に反比例する」という法則から，微分積分の計算で導くこともできます．とても美しい理論体系を成しているのです．

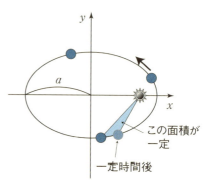

これを観測結果から導き出したケプラーの洞察力もすごいですね！

真の意味で科学を作り出している時代と言えそうです．

さて，有名な逸話としては，ジョルダーノ・ブルーノの話があります．

修道士だったそうですが，アリストテレス自然哲学を批判し，コペルニクスの地動説に賛同し，異端裁判にかけられました．有罪判

決を受けても自説を曲げず，最終的に火あぶりの刑に処せられてしまいました．

このことが，ガリレオが裁判時に自説を撤回した理由になっているそうです．ガリレオも，地動説を主張したり，キリスト教の教えに背いたなどの理由で裁判にかけられます．そこで，地動説を捨てることを求められるのです．もし捨てなかったとしたら……，ブルーノのことが頭をよぎったとしたら，さすがのガリレオも不本意ながら地動説を捨てることを宣言しないわけにはいきません．そのときに口をついてしまうのが，あの名言です．「それでも地球は動く」発言のキッカケは，このブルーノにあったのです．

このような時代の中，ガリレオはアリストテレス学派のやり方を批判し，観察と実験に裏打ちされた科学の礎を築きました．さらに，自作望遠鏡で月の表面を観察し，木星の衛星を発見し，さらに太陽の黒点も発見しました．

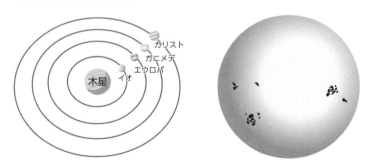

観察と実験をもとに理論を構築したガリレオも，誤った理論を展開している部分もあります．当時最高の学説も最新の研究結果によって上書きされます．

それはガリレオがアリストテレスの理論に対して行ったことです

第 1 章　ガリレオ・ガリレイってどんな人？

(誤解のないように追記しますが，アリストテレスの成果はすさまじいものがあります．問題なのは，それを盲信して進歩しなかった人々です)．天才ガリレオのことですから，自身の理論もいつか上書きされることになると分かっていたのでしょう．

しかし，臆することなく自分の信じる理論を豪快に展開しているのが絶筆「新科学対話」です．古代ギリシャ時代から正しさが変わらない唯一の学問である数学をもとにして書き上げています．古代ギリシャの数学の集大成として有名なユークリッドの「原論」は当時の数学のバイブルです．

ユークリッドの「原論」については，参考文献4)：拙著「ユークリッド原論を読み解く」で面白い部分を抜き出して解説していますので，ぜひ参考にしてください．「原論」そのものも手に入れることができますので，興味を持たれたら，原書もあたってみると面白いでしょう．かなりの分量であることに加え，論証方法が現在とは大きく違っています．代数計算ではなく図形的に計算していくことにも戸惑うでしょう．ですが，「こんな煩雑な計算方法で理論を作っていた古代ギリシャ人は何と偉大なのか！」と感じることができるはずです．

ここまで歴史上の人物を大勢登場させてきました．

第2章以降では，数学的な話をメインに「新科学対話」に描かれたものを，問題形式を交えながら紹介していきます．合わせて，その周辺の理論について解説していきます．高校で学ぶ物理の話もたくさん登場します．

ちなみに，高校物理の力学に登場する運動方程式「$ma=F$」はリ

ンゴで有名なアイザック・ニュートンが考案したものです．万有引力を発見し，微分積分も考案しました（ライプニッツも同時期に微分積分を開発しましたので，どちらが先に考案したのかは論争の種です）．

微分積分の話は，参考文献3）：拙著「ニュートンとライプニッツの微分積分」に少しハイレベルな内容まで解説しています．数列と微分積分の対比から，原始的な微積分に迫っています．本書では扱えない微分方程式なども面白いテーマです．

では，話をガリレオに戻しましょう．

アリストテレス盲信の状況を覆したのがガリレオでした．もちろん，アリストテレス派も色々と理論武装していました．その多くが机上の空論だったため，実際に実験することで，そして数学的に証明することで，ガリレオが上書きしていったのです．

ガリレオの時代，天動説を信じる理由に，「空を飛んでいる鳥は，地球が動くと取り残されるはずだ」とか「もし地球が動いているなら，真上に投げた球は，真下には落ちてこないはずだ」というもの

第1章　ガリレオ・ガリレイってどんな人？

がありました．これを否定したのもガリレオです．

　ガリレオが「慣性の法則」（物体に外部から力が働かないか，力が働いても釣り合っているとき，止まっている物体は静止を続け，動いている物体は等速直線運動する）を実験的に発見して，地動説に無理のないことを説明したのです．さらに，それを明確に説明するのがニュートン力学です．

　物理が発展するもとを作ったのがガリレオで，それを完成に導いたのがニュートンです．その後，ニュートン力学では説明できない現象が次々と発見され，量子力学など新しい分野が発展しています．次々と上書きされ続ける科学，その歴史のスタートを切ったのがガリレオと言えるでしょう．古代ギリシャ，古代ローマから1000年以上進んでいなかった科学の時計がやっと動き出したのです．

　振り子時計の原理になっているのが，ガリレオが見つけた振り子の等時性（振り子の周期は振幅やおもりの重さとは無関係に一定で，糸の長さだけで決まる，という性質）．科学の振り子を動かしたのが，まさにガリレオです．

　では，天才ガリレオが人生の終わりに到達したものを紹介してい

きましょう．

※1992年，裁判が誤りであったとローマ法王が認め，ガリレオは名誉を回復しました．ブルーノについても同様です．

第 2 章

「新科学対話」とは？
= 第 1, 2 日 =

第 ② 章 「新科学対話」とは？　＝第1,2日＝

「新科学対話」は，ガリレオのそれまでの研究の集大成．様々なテーマについて書かれています．しかし，研究論文という体裁ではありません．対話形式です．その理由は第1章に書いた通り，教会対策です．

3人がそれぞれの立場で科学について議論します．しかも4日間．

サグレド：ヴェネチア市民
サルヴィヤチ：新しい科学者
シンプリチオ：アリストテレス哲学に通じた学者

もちろん，サルヴィヤチがガリレオの代弁者です．実験と数学の力で，アリストテレス哲学を盲信するシンプリチオをやっつけていきます．

議論は唐突に始まります．
最初の論点は，同じ材料でできていて，同じ形をしていて，大きさが違うものの壊れやすさの違いについてです．

> 論点
>
> 船を造るときに,小さいものではうまく作れても,大きいものを作ると自分の重さで壊れてしまう.しかし,小さな釘よりも大きい釘を壁に打つ方が重い荷物を支えることができる.この矛盾をどう考えたら良いのか分からない.

というような問をサグレドが発するのです.「確かにそうだな」と思わせる疑問です.それに対して,サルヴィヤチは

> どのようなものにも大きさに一定の限界があって,人工でも自然でも決してそれを超えることはできない.これを証明できるのです.

と答えます.その際に挙げた例を問題形式で紹介しましょう.

問 1

2点で支えられた円柱があります.真ん中で折れたら困るから,真ん中に支えを追加したところ,しばらくすると,ちょうど真ん中が折れてしまいました.なぜこのようなことが起こるのでしょう?

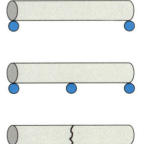

というものです.普通はこんなことは起きないのですが,いったい

第 2 章 「新科学対話」とは？ ＝第 1, 2 日＝

どんなカラクリがあるのでしょう？　常識や思い込みにとらわれずに，あらゆる可能性を考慮すると，1 つの可能性に到達します．

✓ 答

何と，片方の支えが腐っていてつぶれてしまっていたのです．すると，真ん中の支えにこれまで以上の力が加わります．右側のすべてと，左側の半分です（左の残り半分を左端が支えます）．そのために柱の耐久力の限界を超え，一番力がかかっている真ん中で折れてしまったのです．

この例を元にして，同じ形で大きさの違う物体には，自分の重さで壊れてしまわないギリギリの大きさがあると主張します．

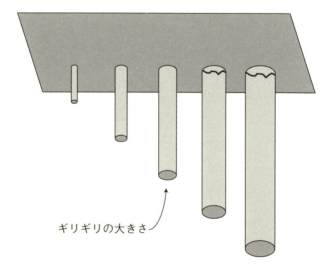

ギリギリの大きさ

同じ形の物体というのは「相似」ということです．相似比が $a:b$

のとき，体積の比は $a^3 : b^3$ でした．一方で，断面積の比は $a^2 : b^2$ です．

重さは体積に比例しますが，壊れてしまわないための耐久力は断面積に比例すると考えられます．例えば，大きさを 2 倍にすると，重さは 8 倍，耐久力は 4 倍になります．このように，どんどん大きくすると，重さの変化が耐久力の変化よりも大きいため，いつかは限界が来てしまうのです．

ここから話はどんどん展開していき，耐久力に話が移っていきます．円柱の構成物質がどのようにつながっているか，ということです．

このような調子で次々と話が展開していき，旧来からの理論をどんどんと，爽快に論破していきます．

4 日間の流れをザッと紹介していきましょう．

(第 1 日)

まずは，上記の通り，大きさと耐久性の関係についての話から始まります．

> 犬や猫が落ちてもケガをしないくらいの高さからでも馬は骨を折ってしまうでしょう．コオロギなら塔から落ちても，アリなら月の世界から落ちても，ケガなんてしない．小さな動物は大きな動物に比べて丈夫にできているもんだ．同じように，小さな植物の方が大きな植物よりも倒れにくいのです．

などなどと具体例を述べた後に，先ほどの円柱の問題につながっていきます．

その後は，そもそも耐久力の元は何なのか，という話に変わっていきます．意外なことにそこでのキーワードは「真空」です．

ツルツルに磨かれた2枚の板を用意します．それらを重ねて置きます．上の板を横に滑らすと簡単に動くことが分かりますから，2つの板の間に粘性のようなものはないことが分かります．

しかし，上の板を真上に持ち上げて引き離そうとすると，どうなるでしょうか？

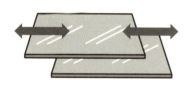
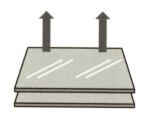

2枚はくっついたまま上に持ち上がってしまうことがあります．その理由としてサルヴィヤチ（ガリレオ）は，「真空を嫌うこと」を挙げています．

外側の空気が2枚の間に流れ込んできて真空を充たすために必要なわずかな時間でも真空ができることを嫌うため，2枚が離れずに持ち上がるというのです．そして，この真空を嫌う性質が引き起こす抵抗力が物体を作っている各部分部分の間にもあって，それが凝集力の1つとして働いている，というのです．

アリストテレス派の意見は，「真空を嫌う性質が凝集力のすべてだ」というものですが，サルヴィヤチ（ガリレオ）は「そうではない．真空の影響力を実験的に測定することで，真空以外の力も働い

ていることを証明してみせましょう」と答えます.

真空の力を測る装置は次のようなものです：

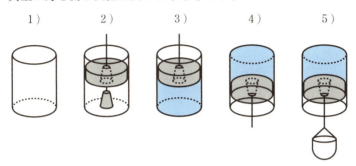

1) 蓋のない円柱上の容器を用意します.
2) それにピッタリはまる円柱を作りますが，その中央部には円錐台状の穴をあけておきます．その穴にピッタリはまる円錐台状の栓を作り，それにはヒモを付けておきます．
3) 穴から水を注ぎ，空気が抜けるように栓を閉めます.
4) これの上下をひっくり返すと，内側の円柱が落ちずにくっついているのは，真空の力によるものです.
5) ヒモにカゴをくくり付けて，ここに重りをどんどん入れていきます．そして内側の円柱が落ちてしまうときの重さをはかっておくのです.

その重さと同じ力で木や石の柱を下に引っ張っても柱がちぎれてしまうことはないでしょう．ですから，真空だけの力で物体の凝集力が生み出されているのではないと言えるわけです.

完璧な実験とは言えないかも知れませんが，当時としては画期的

第2章 「新科学対話」とは？ ＝第1, 2日＝

な方法です！　このような実験をもとに，アリストテレス派をやっつけていきます．

　この後は，これ以外の凝集力の元は何なのか，という話になります．

　金属を高温で液体にすると凝集力がなくなってしまうけれど，冷めると再び凝集力が生まれます．このような現象をどうとらえていくのでしょうか？

　これに対しては，物質の中には分子の間に小さな真空がたくさんあって，炎の粒子がこの小さな気孔に侵入してこの小さな気孔をみたすことで凝集力から物体を解き放つ，という理論で説明されます．

　それがさらに発展して，「有限の大きさの中に無数の真空が存在することはできるか？」という哲学的な話になり，それに関してもサルヴィヤチ（ガリレオ）が答えていきます．その様子は，第4章で紹介します．

　その後，物体の落下速度に話題は移ります．

　　　物体の落下速度は，重さによって変化する

と信じられていた時代です（もちろん，まちがっています）．詳しく言うと，

誤った考え方

1) 重さが違う物体を同じ媒体の中で落下させると，速度は重さに比例する
2) 同じ物体を異なった媒体の中で落下させると，速度は媒体の密度に反比例する

ということです．つまり「重さが2倍なら速さも2倍」「媒体の密度が2倍なら速さは半分」となると信じられていたのです．

正しいような気もしますが，残念ながらまちがっています．

これを否定するための議論が行われますが，そこでもキーワードが「真空」になっています．「真空中ならどんな物体も同じ速さで落下する」けれど，「空気中では空気の抵抗を受けるために，物体の形によって速さが変わってしまう」ということを述べています．これは，かなり深い洞察です．この辺りの話は第5章で．

サルヴィヤチ（ガリレオ）は，この流れの中で空気に重さがあることも証明しています．その方法を紹介しましょう．

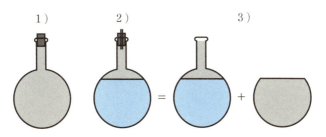

1) 空気をビンに閉じ込めます．
2) 空気が抜けないように注意しながら，ビンに水を注ぎます．そして，重さを測っておきます．
3) ビンの栓を開けて，圧縮された空気が抜けるようにします．抜けた空気の体積は，注いだ水と同体積と考えることができます．改めてビンの重さを測ると，2) の重さよりも軽くなっています．それが抜けた空気の重さとなります．抜けた空気の体積が分かっているので，空気の重さが水との比重としても分かります．

第 2 章 「新科学対話」とは？ ＝第 1, 2 日＝

さらに，ガリレオは，「空気中では，空気の抵抗のために，十分長い距離を落下すると，落ちる力と空気の抵抗力が釣り合ってしまい，一定の落下速度になってしまう」と説明しています．そして，「その抵抗力は，物体の表面積によって変わる」と述べています．

これはかなり深い結果です．現代の言葉では，この速度のことを「終端速度」と呼んでいて，微分積分を用いて計算で求めることができます．詳しくは第 5 章で．

この考え方に到達するために，水の中での落下をガリレオは観察しています．浮いてしまうもの，ゆっくり沈むもの，どんどん沈むものを見比べることで，これに気づくのです．

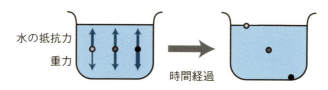

その後に「振り子の等時性」の話に移ります．「シャンデリア」で有名なものです．振り子の話は第 5 章で．

その流れで，音階の話にも発展しています．弦の長さや太さによって音が変わることを述べています．

話があちらこちらに飛んでいきますが，1 日目のテーマは，大きさと耐久力でした．同じ形（相似）であっても，物体の大きさが違えば物理的に違う動きをします．落下時の抵抗力，音の高さ…などでそれを確認しています．

同じ形の立体として，例えば球が 2 つあるとします．1 つの半径が r であり，もう 1 つの半径が R であるとします．すると，体積

はそれぞれ $\dfrac{4\pi r^3}{3}$, $\dfrac{4\pi R^3}{3}$ ですし，表面積はそれぞれ $4\pi r^2$, $4\pi R^2$ となります．長さは1次元の量，面積は2次元の量，体積は3次元の量です．ですから，面積は半径の2乗に比例しますし，体積は3乗に比例するのです．これらの違いが物理的な性質に影響を及ぼしていることを見抜いていたガリレオの眼力は素晴らしいものと言えます．

しかし，1日目は真空が凝集力の源であるという話に多くの時間を費やしてしまい，本来の破壊抵抗力から大きく脱線してしまいました．3人は，日を改めてこの続きを"対話"していきます．

第2日

2日目は，破壊抵抗力（凝集力）の源が何であるかは論点とせず，その大きさについて考えています．

特に，テコの原理を用いて，梁（ハリ・横棒）の強さについて考えています．内容については，現代的な視点から解説された本があります．参考文献2）:『ガリレオ・ガリレイの『二つの新科学対話』静力学について』です．興味をもたれた方には，ぜひ，参照していただきたいものです．

2日目には，まずテコの原理を考えています．

天秤の法則があります．

同じだけ離れたところに同じ重さを吊るすともちろん釣り合うのですが，一般的に，"手"の長さが $a:b$ のとき，吊るす重りの重さが $b:a$ になっていたら釣り合うのです．

（重さ）×（支点からの距離）

第 2 章 「新科学対話」とは？ ＝第 1, 2 日＝

 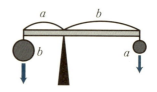

が等しいときにつり合うのです．

テコで言うと，支点から力点，作用点までの距離の比を考えておけば，力点に加えた力の何倍の力が作用点に加わるのかが分かります．

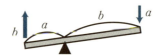

（力）×（支点からの距離）を考えていることになり，これは現在の物理では「力のモーメント」と呼ばれるものです．

この法則はアリストテレスの著書「機械学（力学）」で証明されているのだそうです．そう指摘するシムプリチオに対して，それを厳密に証明したのはアルキメデスだ，とサルヴィヤチ（ガリレオ）が答えています．こんな「対話」も入っているのが「新科学対話」です．

問2

長さ L で厚み l の棒があり,壁に取り付けられています.棒の重さは2です.棒の端に10の重さの重りを付けるとします.壁との接着面に働くモーメントはどのように考えたらよいでしょうか?

※（重さ）＝（力の大きさ）と考えてください.

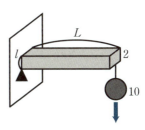

答

重りが壁に及ぼす影響（モーメント）は

（重さ10）×（支点からの距離 L）＝ $10L$

と計算します.では,棒が及ぼす影響は

（重さ2）×（長さ L）＝ $2L$

で良いのでしょうか？

実は,そうではありません.少し難しいですが,棒を細かく分けていき,

（その部分の重さ）×（その部分と壁までの距離）

を考えていき,これらを加えた値を考えなければなりません.

現代的には積分で求めるのですが,ガリレオの時代ですから,そうはいきません.上記の（重さ）×（距離）を矢印で表現して,それを加えていくのです.すると,「三角形の面積に相当する量」になることが分かります.

平均を考えたら,「直方形の面積」と考えることができて,さら

に,「ちょうど真ん中での(重さ)×(距離)」を考えたら良いことが分かります.

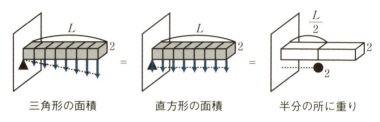

三角形の面積　　　　直方形の面積　　　　半分の所に重り

つまり,「棒の長さの半分の所に重さ2の重りがある」ことにして,その影響を考えたら良いのです.

よって,棒と重りが壁に及ぼす影響を合わせると

$$2 \times \frac{L}{2} + 10L = 11L$$

となります.

この11Lのモーメントが棒の左端部分(接着面)を引っ張って,壁から離れるような影響を及ぼそうとします.

棒の左端がその影響に耐える様子も考えておきましょう. 先ほどと似た考え方です.

棒の左端の各点が耐えられる力はどこでも等しいので,それらを

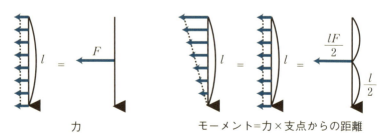

力　　　　　　　　　　モーメント=力×支点からの距離

全部集めたものを F とします.

モーメントは力×支点からの距離でした. 力は一定なので, モーメントを考えると, 三角形状に分布します. 平均を考えたら長方形状にならすことができます. すべてのモーメントをまとめると, ちょうど真ん中に F が働いていると考えれば良いのです. つまり, $\dfrac{lF}{2}$ がモーメントです.

棒を壊そうとするモーメント(先ほどの例では $11L$)がこれを下回っていたら, 棒は折れません.

このように考えて, 棒にどこまでの重さをつるしても大丈夫かを, 計算だけで求めることができるのです. これが物理が有益な理由の1つと言えるでしょう. それができないと, 実際に壊してみないといけなくなってしまいます.

次に, 重りをつけないときの耐久力を考えてみましょう. つまり, 棒を壁にくっつけたときに, 折れずに支えることができるギリギリの状態(棒の重さが左端に及ぼすモーメントと棒の耐久力のモーメントが等しい状態)を考えます.

ギリギリ状態の棒があって, 3辺が a, l, L の直方体, 重さが X であるとします (X を「破壊抵抗力」と呼ぶことにします).

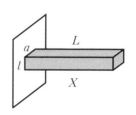

ギリギリ状態の釣り合いを考えることで,

(棒の耐久力のモーメント) = (棒の重さが及ぼすモーメント)

$$\frac{lF}{2} = \frac{XL}{2} \quad \therefore \quad X = \frac{lF}{L}$$

となります．これが破壊耐久力の公式になります．ここで，F は壁に接する面の断面積 al に比例します．よって，$X = \frac{lF}{L}$ は $\frac{l^2 a}{L}$ に比例することが分かります．比例定数を A とおくと

$$X = A \frac{l^2 a}{L}$$

です．

「棒の形と大きさを決めたとき，どんな重さまで耐えることができるか」の指標が X です．

✏ 問 3

棒を 2 倍，3 倍に拡大したら X は何倍になるでしょうか？

2 倍のとき，長さ $2L$，厚み $2l$，奥行き $2a$ の棒で，重さは 8 倍です．

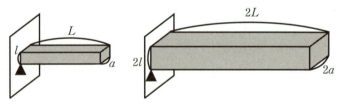

✓ 答

先ほどと同じように考えて，2 倍のときは，$X = A \frac{l^2 a}{L}$ の L, l, a を $2L$, $2l$, $2a$ に変えて

$$X = A\frac{(2l)^2(2a)}{(2L)} = 4 \times A\frac{l^2 a}{L}$$

となります．よって 4 倍です．

3 倍のときは

$$X = A\frac{(3l)^2(3a)}{(3L)} = 9 \times A\frac{l^2 a}{L}$$

となります．よって，9 倍です．

●⋯⋯⋯⋯●⋯⋯⋯⋯●⋯⋯⋯⋯●⋯⋯⋯⋯●

どうやら，p 倍に拡大したら X は p^2 倍になるようです．同じ材質であったら重さは p^3 倍になってしまいますので，単純に大きくすると耐久性能は落ちるようです．これが 1 日目の初めに述べられていた「小さい方が丈夫だ」理論です．

一般的に，a，l，L をそれぞれ p，q，r 倍したら

$$X = A\frac{(ql)^2(pa)}{(rL)} = \frac{pq^2}{r} \times A\frac{l^2 a}{L}$$

となるのです．$A\dfrac{l^2 a}{L}$ が元々の X なので，$\dfrac{pq^2}{r}$ 倍になるのです．

同じ素材の直方体の棒で形を色々と変えるとき，ある形での耐久力が分かっていたら，どんな直方体の棒でも耐久力を求めることができるのです！

この後，ガリレオは壁に接する面（左端）の断面積と X の関係を考えています．

$X = A\dfrac{l^2 a}{L}$ において，左端が正方形としたら，$a = l$ となり，断面積 S は $S = l^2$ です．そして，X は

$$X = A\frac{l^3}{L} = A\frac{S^{\frac{3}{2}}}{L}$$

となります．ここで，平方根は $\sqrt{x} = x^{\frac{1}{2}}$ と，$\frac{1}{2}$ 乗と表記しています．$l = \sqrt{S}$ なので $l^3 = \left(S^{\frac{1}{2}}\right)^3 = S^{\frac{3}{2}}$ となります．

「破壊抵抗力」つまり「形と大きさを決めたときに耐えられるギリギリの重さ」は，断面積 S の1.5乗に比例し，長さ L に逆比例（反比例）することが分かります．

このようにして，自重に耐えられるギリギリを特定することができるようになります．見方を変えると，「自重が無視できるときに，どれだけの重さに耐えられるか」を特定できたとも言えます．

締めくくりとして，「もしも巨人がいるとしたら，その骨は異様なほど太くなければならない」というようなことを述べているのが興味深いところです．

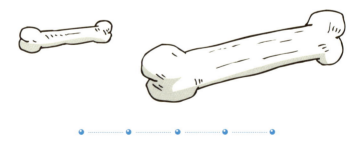

次に，棒を折り曲げるために必要な力を計算しています．

大事な設定として，棒の自重は無視して，加える力のことだけを考えることにします．軽い棒を考えている，という設定です．

支点をどこかに置き，左右の端に付けた重りの重さを，ちょうど

左右が釣り合う状態を保ちながら増やしていきます．

釣り合いはモーメントを考える必要があります．

（支点〜左端）＝ a,

（支点〜右端）＝ b

なら，

（左端の重り）：（右端の重り）＝ $b:a$

です．bk, ak とおいておきます．

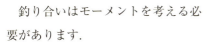

ある重さになったときに，棒は折れてしまいます．膝の上に棒を置いて，両端を手で掴み，手で下に押していって，棒が折れ曲がる瞬間のことを考えている，と思ってもらっても良いでしょう．

折れ曲がるときの k の値を考えたときに，重りの重さの合計

$(a+b)k = lk$

について考えます．

問 4

lk の値は ab の値に反比例します．理由を考えてみましょう．そのことを用いると，lk の値は，中点に支点を置くときに最小になります．その理由も考えてみましょう．

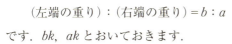 答

$l = a+b$ に注意しておきましょう．

左右のモーメントは等しいので，左右の重りは順に bk, ak と考

第2章 「新科学対話」とは？ =第1, 2日=

えることができるのでした．

折れ曲がる瞬間について考えます．

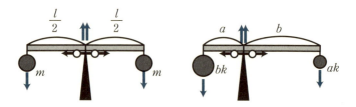

支点に対して左右から abk ずつ，モーメントの影響があります．棒のどの場所でも耐久力は等しいので，「ちょうど中点に支点があるときの左右からのモーメント」と「上記のモーメント abk」は等しくなっています．

中点に支点があるときの折れる瞬間の重さを m とします．すると，左右からのモーメントは，いずれも $\dfrac{lm}{2}$ です．

これが abk と等しいので

$$\frac{lm}{2} = abk \quad \therefore \quad k = \frac{lm}{2} \cdot \frac{1}{ab}$$

となります．よって，重りの重さの合計は

$$lk = \frac{l^2 m}{2} \cdot \frac{1}{ab}$$

ですから，ab に反比例しています．

これで前半は分かりました．

ab の値は，$l = a + b$ より

$$ab = a(l-a) \quad (0 < a < l)$$

という a の2次関数として表されます．このグラフは放物線になるので，図のように $a = \dfrac{l}{2}$ のときに最大になります．つまり，中点に支点があるときです．

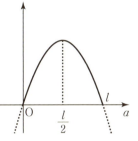

ab に反比例するということは，ab の値が大きいほど重さは小さいということなので，支点が中点のときに重りの重さの和は最小になります．

最も小さい力で棒を折ることができるのは，中点に支点を置くときだと分かりました．端に近ければ近いほど必要な力はどんどん大きくなります．a を 0 や l に限りなく近づけると，必要な力はどこまでも大きくなってしまいます（∞ になってしまいます）．

この後，話が変わって，耐久性について最も効率的な横棒の作り方を議論します．詳細は第7章で扱います．さらに，中空の柱（パイプ状のもの）のことを考えて，2日目が終わります．

本書では現代的な表現を用いて記述しましたが，サルヴィヤチ（ガリレオ）はもっと図形的な説明を行っています．先ほどの問での表現「lk の値は ab の値に反比例する」も，オリジナルでは ab のことを「支点の位置で棒を切って垂直に折り曲げる．それを2辺とする長方形の面積」という風に説明します．確かに ab は2辺が a, b の長方形の面積です．

このようなユークリッドの「原論」のような論法を用いて，ガリレオは形と大きさが耐久力にどのような影響を及ぼすのかについて，

一定の結論を得ていたのです．

第 3 章

「新科学対話」とは？
＝第 3, 4 日＝

第 ③ 章 「新科学対話」とは？ =第3, 4日=

　第3日，第4日は物体の運動について考えています．等速直線運動，等加速運動に続き，放物運動も考えていきます．かなり面白い結果も得ていますし，一部は誤った結果を正しいと信じてしまっている部分もあります．

第3日

　3日目は物体の運動について議論しています．1つ目のテーマは等速直線運動です．

慣性の法則

> 物体に外部から力が働かないか，力が働いても釣り合っているとき，止まっている物体は静止を続け，動いている物体は等速直線運動する．

と関係するものです．

　文字通り，等しい速度で直線上を動く運動について考えたいのです．

　ここで，速さ v というのは，単位時間（秒速なら1秒）に進む距離のことです．

　運動の法則は，いわゆる「はじきの法則」です．

　　は＝速さ，　じ＝時間，　き＝距離

です．速さ v で t 秒間動くと，移動距離はいくらでしょうか？　1秒に v 進むので，t 秒なら vt 進みます．よって，

距離＝速さ×時間

です．これを表したのが「はじきの図」になっています．

   速さ＝距離÷時間，時間＝距離÷速さ

でもあります．

このような性質を，定義と公理から導いています．まるでユークリッドの「原論」のようなやり口です．

では，まず定義から．

定義

> 任意の相等しい時間内に物体の通過する距離の相等しい直線運動を，等速直線運動という．

「同じ時間であれば同じ距離だけ移動する」ような直線上の運動を，等速直線運動と定めています．もちろん，一定の速さで動いているある物体に関しての説明です．違う一定速で動いている物体との比較ではありません．違う速さの物体も，それだけを見ていると，「同じ時間であれば同じ距離だけ移動する」ような運動をしているから，別の等速直線運動をしているのです．

引き続き，議論をするにあたって，「自明」として認める事柄を挙げています．これを「公理」というのです．

公理

> 1. 同一の等速直線運動において長い時間内に通過する距離は，それより短い時間内に通過する距離より大きい．
> 2. 同一の等速直線運動において，大なる距離を通過するに要

第3章 「新科学対話」とは？ =第3, 4日=

する時間は，それより小なる距離に要する時間よりも長い．
3. 等しい時間内において，大なる速さで通過する距離は，それより小なる速さによる距離よりも大きい．
4. ある時間内に，大なる距離を通過するに要する速さは，それより小なる距離を通過するに要する速さよりも大きい．

「はじきの法則」の証明では，線分の長さや比を用いて，時間や距離，速さの関係式を導いています．

📝 問1

「一定の速さで一様に運動する物体が，二つの距離を通過するとき，これに要する時間はその距離に比例する」のですが，その理由を考えてみましょう．

当たり前のように感じると思いますが，それは「はじきの法則」を使っているからです．いまは使ってはダメです．定義と公理だけから証明する，サルヴィヤチ（ガリレオ）のやり方を紹介しましょう．

✓ 答

物体が等しい速さで二つの距離 AB，BC を一様に運動するものとし，AB に要する時間を長さ DE で表し，BC に要する時間を EF で表します．

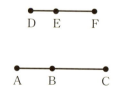

距離の比 AB：BC ＝時間の比 DE：EF
となることを証明します．

距離と時間を表す直線を左右に延長しておきます．

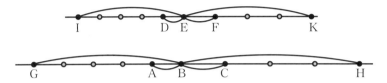

図のように G，H，I，K をとります．つまり，何らかの自然数 m，n を用いて

AB：GB = DE：IE = 1：m，

BC：BH = EF：EK = 1：n

です（図では $m=5$，$n=4$ です）．

IE は DE（AB の移動時間）を m 個分なので，等速直線運動の定義により，GB（AB の m 個分）の移動時間を表しています．同様に，EK は BH の移動時間を表しています．

ここで，公理から

GB = BH なら IE = EK，つまり mAB = nBC なら mDE = nEF

GB > BH なら IE > EK，つまり mAB > nBC なら mDE > nEF

GB < BH なら IE < EK，つまり mAB < nBC なら mDE < nEF

です．これがどんな m，n についても成り立ちます．

これで

AB：BC = DE：EF

が分かります．その理由を説明しましょう．

もしも，AB：BC と DE：EF が異なる比であったら，どうなるでしょうか？　例えば，

AB：BC = 2：3，DE：EF = 3：4

としてみましょう．AB：BC と DE：EF が異なる比の一例です．

第3章 「新科学対話」とは？ ＝第3,4日＝

すると，

　　$3AB = 2BC$,　$4DE = 3EF$

が成り立ちます．

　一方，どんな自然数 m, n に対しても「$mAB = nBC$ なら $mDE = nEF$」となるはずなので，$3AB = 2BC$ より「$3DE = 2EF$」となるはずです．

　しかし，実際は $4DE = 3EF$ なので，$3DE \neq 2EF$ となっていて，矛盾が起こっています．

　よって，

　　$AB : BC = DE : EF$

でなければならないことが分かります．

　万事，このような感じで進んでいきます．まるで古代ギリシャ時代に書かれたユークリッドの「原論」を読んでいるようです．

　このように，当時の数学を用いて厳密に証明を行っているのがガリレオのすごいところなのです．

　現代人には現代の数学の言葉・やり口があるので，解読するのに少し時間がかかってしまいます．ですので，本書では，できるだけ現代の言葉で書いていくようにしています．3日目の議論もここからは現代的にやっていきます．

　先を見据えて考えると，

　　距離＝速さ×時間

だけでは不十分になります．これは等速運動のときだけに成り立つ公式です．これを図形化して，図のように考えて

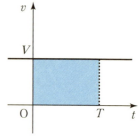

みましょう．

等速運動とは，どんな時刻tでも速さvが一定です．これをグラフで描くと左ページ下の図のようになります．一定の速さをVで表しています．

時刻$t=0$から$t=T$までの移動距離を考えると，

(移動距離) $= VT$

となるのでした．これは図で言うと，長方形の面積を表しています．

この考え方を一般化することができます．vが時々刻々と変化する場合の移動距離を図形的に考えることができるのです．

結論から言うと，

vの変化をグラフで表現したとき，$0 \leq t \leq T$の範囲でグラフよりも下にある部分の面積が，$0 \sim T$の間に移動する距離を表しています．

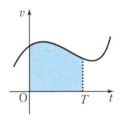

その理由を簡単に説明してみましょう．

$0 \sim T$の範囲で最も速い瞬間と遅い瞬間に注目して，そのときの速さで$0 \sim T$の間に進む距離を考えると，2つの長方形を描くこと

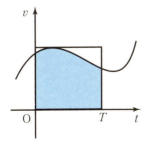
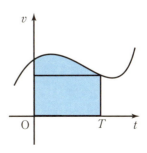

ができます.その2つの面積の間に,考えたい移動距離も,考えたい面積も入っています.

0〜Tの範囲を2等分します.前半,後半のそれぞれで最も速い瞬間と遅い瞬間に注目して,そのときの速さで前半,後半を進むときの距離を考えると,それぞれ長方形を2つ合わせた図形の面積になります.その2つの面積の間に,考えたい移動距離も,考えたい面積も入っています.

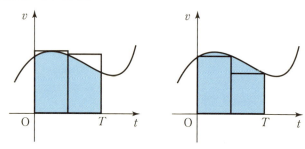

この作業を繰り返していくと,何等分しても同じ性質が成り立ちます.狭い区間の最高速度で作った図形の面積も,最低速度で作った面積も,等分の個数をどこまでも増やしていくと,最終的に考えたい図形の面積にどこまでも近づいていきます.そして,考えたい移動距離は常にそれらの間に入り続けるので,どこまでも等分の個数を増やしていくと,最高速度で作った図形の面積も,最低速度で作った面積も,考えたい移動距離にどこまでも近づきます.

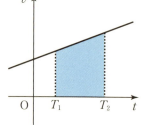

その極限状態を考えることで,

　　(移動距離) ＝

　　　(グラフの下にある部分の面積)

となることが分かるのです.より現代

的には,「積分」を用いて計算されるものになります.式で書くと

$$\int_{T_1}^{T_2} v dt$$

となります.

ガリレオは v のグラフが曲線になる場合までは考えていませんが,v のグラフが直線になる場合のことは深く考えています.これが次のテーマ,等加速運動になります.

3人の対話に戻りましょう.等加速運動については,議論が紛糾します.

まず,サルヴィヤチ(ガリレオ)が次のように定義します.

定義

静止から出立して,等しい時間内に等しい速さの増加を得る運動を等加速(一様に加速された)運動という.

「速さが時間に比例する運動」と言っても良いでしょう.だから先ほどの直線のグラフで v が表されるのです.

特に,自然落下を想定しているから,初速が0(静止から出立)となっています.

これに対して,サグレドが疑問をぶつけます.「定義はどのようにしても任意ですが,これが本当に自然落下の様子を表すことができているのでしょうか?」という,もっともなものです.

アリストテレス派のシムプリチオも意見をぶつけてきます.

2人の意見は,

第3章 「新科学対話」とは？ ＝第3, 4日＝

💬 **論点**

・初速が0であることに納得がいかない（速度0では動かないのでは？）
・ある速さで動いているのが瞬間的であることが納得できない

といった様子です．

これに対してサルヴィヤチ（ガリレオ）は説明します．

杭の上に，様々な高さから玉を落とします．

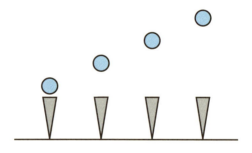

杭がどのくらい刺さるかを見ていくのです．簡単に分かるように，高い所から落とすほど深く刺さります．この違いは，杭に当たる瞬間の速さが違うために生じているはずです．

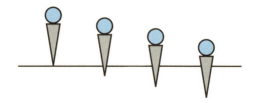

ですから，落下により，ありとあらゆる速さになる瞬間があることが分かります．合わせて，ほとんど持ち上げずに玉を落とすと杭はほとんど刺さりませんから，落下する瞬間の速さは0であっても何も不思議でないことが分かります．

　現代的に説明すると，これは，一定の重力が働いているために，物体が一様に加速されていくためなのです．これを実験でも確認しますが，それはまた後ほど．

　ところで，話の流れで，「重力がそもそも何なのか」という疑問にも到達します．しかし，これには，敢えて触れないという立場をとっています．これはかなり賢明な判断で，重力をどのように考えるかは，アインシュタインの相対性理論まで待たなければなりません．

　ここまで説明を聞いて納得してきたサグレドが，思いがけず次のような発言をしてくれます．「等加速運動の定義を次のように言い換えたら，もっと明確になりますよ．」と．

定義（？）

> 等加速運動とは，その速さが，通過する距離に比例して増加していく運動をいう．

　うまく定義されているような気もしますが，本当にこれが言い換えになっているでしょうか？

第3章 「新科学対話」とは? =第3, 4日=

📝 問2

〈定義（?）〉は等加速運動の説明になっているでしょうか？
つまり，〈定義〉と同じ意味でしょうか？

✓ 答

残念ながら，言い換えにはなっていません．その理由を説明します．

〈定義（?）〉をみたす運動においては，「移動距離が2倍であれば，速度が2倍」となります．

すると，速さ0から落下を始めたとき，「ある距離を落下する時間と，その2倍を落下する時間が等しくなる」という異常な現象が起こってしまいます．つまり，同じ運動をしているとき，図のように対応する点同士を比べたときに速さの比が必ず1：2になってしまうので，右の方は，左の方と比べると，同じ時間で2倍の距離を進んでしまいます．

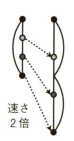

速さ2倍

同じ等加速運動をしているのに，このようなことが起こることはあり得ません．よって，〈定義（?）〉は等加速運動の説明にはなっていません．

• ⋯⋯ • ⋯⋯ • ⋯⋯ • ⋯⋯ •

サルヴィヤチ（ガリレオ）は，「この現象が起こりえるとしたら，それは"瞬間移動"になってしまうよ」とコメントしています．面白い考察です！

ここからは，落下運動を実験的にも見ていきます．

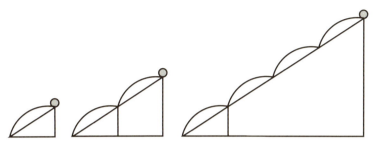

　ある斜面に沿って玉を落下させると，例えば，1秒で地面に着いたとします．では，同じ傾斜の斜面のうち2秒で地面に着くのは，元の斜面と比べてどれくらい長い距離を進むときでしょうか？単純に2倍になるでしょうか？

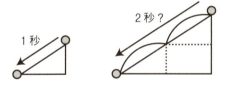

　サルヴィヤチ（ガリレオ）は100回以上も実験を繰り返して，「それは4倍だ！」と特定しました．2倍ではないのです（「2倍の時間で2倍の距離進む」のは等速運動です！）．

　理論が正しいことを証明するためには，実験結果を再現できていなければなりません．面積を使った移動距離の計算方法が実験結果と一致することを確認してみましょう．

問3

　時刻0のとき速さが0とします．等加速運動で時刻 t における速さ v が $v=at$ と表されるとします．時刻0〜2で進む距離

第3章 「新科学対話」とは？ =第3, 4日=

は，時刻 0～1 で進む距離の 4 倍になります．時刻と速さのグラフを利用して，これが正しいことを確認してみましょう．

✓ 答

$v=at$ のグラフを描いてみましょう．それは原点を通る直線になります．

$0 \leq t \leq 2$ の部分の面積が，$0 \leq t \leq 1$ の部分の面積の 4 倍になっていることを確認できれば，証明できたことになります．

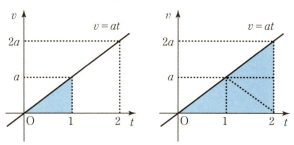

図のように考えたら，正しいことが分かります．

●⋯⋯⋯●⋯⋯⋯●⋯⋯⋯●⋯⋯⋯●

これにより，「実験結果」と「等加速運動の定義から導いた結果」が一致することが分かりました．つまり，自然落下運動を表現するのに，ガリレオの等加速運動の定義は適応していることが示されたのです．サグレドの疑問も氷解しました．

ここでは，現代的に，公式化しておきましょう．

> **公式①**
>
> 時刻 0 のとき速さが 0 とします．等加速運動で時刻 t における速さ v が $v=at$ と表されるとします．このとき，
>
> （時刻 $0\sim T$ での移動距離）$=\dfrac{1}{2}aT^2$ ……①

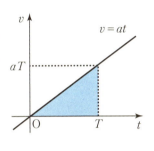

図のように三角形の面積を考えたら，この公式が成り立つことが分かります．

ただし，ガリレオの時代には，このような形の公式を作ってはいません．「移動距離は経過時間の2乗に比例する」という表現になります．

さて，この議論から，おまけとして面白い性質が分かります．

0〜1 の移動距離を 1 としたら，0〜2 の移動距離が 4 でした．0〜3 では 9 で，0〜4 では 16 となります．すると，1 秒間隔で見ていくと，

(0〜1 の移動距離) ＝ 1
(1〜2 の移動距離) ＝ 3
(2〜3 の移動距離) ＝ 5
(3〜4 の移動距離) ＝ 7
………

と，奇数が並びます．数学では，「奇数を順に加えたら平方数になる」という捉え方をすることも多いものです：

$$1+3+5+7+\cdots\cdots+(2n-1)=n^2$$

第3章 「新科学対話」とは？ ＝第3, 4日＝

この後，サルヴィヤチ（ガリレオ）は面白いことを言い出します．それが次の問です．後ほど第5章では，振り子と絡めてこの性質を直感的に納得できる説明を行っていたことも紹介します．

📝 問4

「斜面を落下する玉が地面に到達するときの速さは，高さが等しいなら，傾斜によらずすべて等しい」ことが分かります．この理由を説明しましょう．

✓ 答

にわかには信じがたいものです．これを確認するには，いくつかの準備が必要になります．

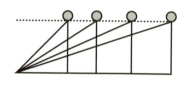

エネルギーを用いて確認することもできますが，それはまた後ほど，第8章で．

落下する場合と斜面を転がる場合で，動く方向について，玉にかかる

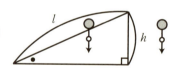

力（加速度）がどう違うのかを考えてみましょう．

図のように，相似を利用すると，斜面の長さ l と高さ h を用いて，

　　（落下の加速）：（斜面沿いの加速）＝ $l : h$

となります．

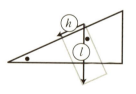

ということは，同じ時刻 $t = T$ における速さの比も

(落下での速さ)：(斜面沿いの速さ) $= l : h$

となります．簡単のために，

(落下での速さ) $= lT$

(斜面沿いの速さ) $= hT$

と表される場合を考えます．

「真下に落ちる場合の移動距離が h になる時刻 T_1 での速さ」と，「斜面を転がる場合の移動距離が l になる時刻 T_2 での速さ」が等しいことを証明したいのです．

これを示すために，少し逆算的に考えてみましょう．

真下に落ちる場合の移動距離が h になる時刻 T_1 を考えて，その時刻での速さ V を考えます．上で考えた通り $V = lT_1$ です．

そして，斜面を転がる場合に速さが V になる時刻 T_2 を考えます．この時刻 T_2 で，あることが確認できれば証明が完了します．斜面で「移動距離が l になる時刻」と「速さが V になる時刻」が等しければよいので，T_2 までの移動距離が l になることを証明すれば良いのです（これで，l 進んだときの速さが V になることが分かるからです）．

図より，

$$V = lT_1, \quad h = \frac{1}{2}VT_1$$

が成り立ちます．すると，斜面で速さが V になる時刻 T_2 は

$$V = hT_2 \quad \therefore \quad T_2 = \frac{V}{h} = \frac{l}{h}T_1$$

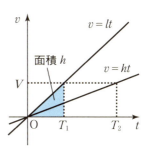

第3章 「新科学対話」とは？ =第3, 4日=

となります．これで，

(斜面に沿って T_2 までに移動した距離)

$$= \frac{1}{2}VT_2 = \frac{1}{2}V \cdot \frac{l}{h}T_1 = h \cdot \frac{l}{h} = l$$

となることが導かれます．

以上で，どんな斜面に沿って高さ h に相当する分だけ転がっても（移動距離が l），自由落下したのと同じ速さになることが分かりました．

これはかなり面白い結果です．上記の T_1 と T_2 の比が $T_2 = \frac{l}{h}T_1$ より

$T_1 : T_2 = h : l$

になったのも面白い結果です．

実は公式①（p.55）から逆算すると，自由落下する距離が決まれば，そこまで落下するのに要する時間を考えることができます．L だけ自由落下するのに要する時間 T は

$$\frac{1}{2}aT^2 = L \quad \therefore \quad T = \sqrt{\frac{2L}{a}} \quad \cdots\cdots ②$$

です．つまり，T は $\sqrt{L}$ に比例して，

(落下時間 T の比) ＝ (落下距離の平方根 $\sqrt{L}$ の比)

となるのです．これが自由落下の性質です．

これらを元に，適当に与えられた2つの斜面を転がって地面に到達するまでの時間の比を考えてみましょう！

📝 問5

図のような2つの斜面があります．斜面に沿って玉が転がって地面に着くまでの時間をそれぞれ T_2, U_2 とおきます．

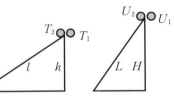

このとき，$T_2 : U_2$ を l, h, L, H を用いて表してみましょう．その際，必要ならば，h, H の高さからの自由落下で地面に到着するまでに要する時間 T_1, U_1 を利用してください．

✔ 答

先ほどの問題から，

$$T_1 : T_2 = h : l, \quad U_1 : U_2 = H : L$$

∴ $hT_2 = lT_1, \quad HU_2 = LU_1$

です．また，公式①から導いた自由落下の性質②より，

$$T_1 : U_1 = \sqrt{h} : \sqrt{H} \quad \therefore \quad \sqrt{h}\, U_1 = \sqrt{H}\, T_1$$

です．計算で処理していくと，

$$U_2 = \frac{L}{H} U_1 = \frac{L}{H} \cdot \frac{\sqrt{H}}{\sqrt{h}} T_1 = \frac{L}{H} \cdot \frac{\sqrt{H}}{\sqrt{h}} \cdot \frac{h}{l} T_2 = \frac{L}{\sqrt{H}} \cdot \frac{\sqrt{h}}{l} T_2$$

$$T_2 : U_2 = 1 : \frac{L}{\sqrt{H}} \cdot \frac{\sqrt{h}}{l} = \frac{l}{\sqrt{h}} : \frac{L}{\sqrt{H}}$$

となります．

ガリレオは文字を使わずにこれらを証明していますが，現代人に

はかなり取っ付きにくいものです．文字式の計算でもかなり煩雑です．

　この公式を利用して面白い性質を導いていくのが3日目のメインテーマになりますが，その辺りは第6章で紹介していきます．

　3日目の3人の対話は等速直線運動と等加速運動についてでした．これらを組み合わせることで，放物運動を考えることができます．それがまさに4日目の対話テーマです．

第4日

物体の放物運動について考えるのが4日目です．そのときの運動について，ガリレオは次のように説明しています：

> 等速で水平なるものと，鉛直で自然加速を受けるものとからの合成運動である．

鉛直下向きとは地球の中心の向きです．垂直方向ととらえておけばよいでしょう．

　まずは，台の上を横に進んだ後に，台の端から落下する場合です．

　図の矢印は，各時点での水平方向と鉛直方向の速さを表しています．

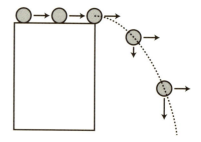

　このとき，物体に働く力は重力のみで，台の上を動いているときは，台が支えてくれている力と重力が釣り合っているため，実際に

は力が働いていないのと同じ状態です。ですから、「慣性の法則」により、等速直線運動を続けています。

しかし、台の端から飛び出した瞬間から、重力がダイレクトに物体に働くようになります。つまり、鉛直方向（タテ方向）は、自由落下と同じ動きをするのです。一方で、水平方向には力が働かないので、同じ速さで動き続けます。

この動きを追いかけると、玉の描く曲線が放物線（の半分）になるのです。

ちなみに、ガリレオの時代には、「放物線は2次関数のグラフだ」という捉え方ではありません。古代ギリシャから続く「円錐曲線」の考え方を踏襲していました。

つまり、円錐が2つくっついた図形を平面で切って得られる曲線です。その際に、平面がどれくらい傾いているかによって、切り取られる図形は変化します。円錐の1つの「母線」と平行な平面で切ると、「放物線」になります。

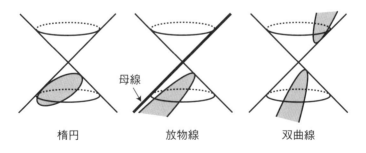

楕円　　　　放物線　　　　双曲線

ただし、当時の心情としては、これが「放物運動」と関連することが周知の事実ではないので、「パラボラ」と呼んでおくのが良いかも知れません。円錐曲線の1つである「パラボラ」が「放物運動

の曲線」と一致するというのは，実はすごい事実なのです．

残り2種類の円錐曲線は，円がつぶれた「楕円」と，反比例のグラフの仲間である「双曲線」です．これらは古代ギリシャ時代から研究されてきた対象で，ガリレオ時代にも学ばれていたもののようです．

私たち現代人にとっては，放物線は2次関数のグラフとして考える方が分かりやすいので，その方向で説明していきます．放物線のグラフについて，ガリレオが面白い誤認をしていたという話もあります．円錐曲線の話とともに，第7章で触れることにします．

台から落ちる運動を解析していきましょう．

水平方向は等速運動をしています．一定速度を V とおいて考えると，時刻 T までの水平方向の移動距離は，面積を使って簡単に計算できます．図のように VT です．

鉛直方向は，等加速運動です．時刻 T での速さを aT とおくことができるのでした．こちらも面積を考えて移動距離が分かります．

よって，図のように台の右端を原点としてグラフの方程式を考えることができます．

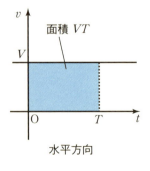
水平方向

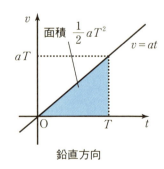
鉛直方向

時刻 $t = T$ において水平方向（x 方向）に VT 進み，鉛直方向（y 方向）は下に $\frac{1}{2}aT^2$ 進んでいます．よって，

$x = VT$

$y = -\frac{1}{2}aT^2$

となります．T を x の式で

$T = \dfrac{x}{V}$

と表すことができるので，これを代入したら，

$y = -\dfrac{1}{2}a\left(\dfrac{x}{V}\right)^2$

$\therefore \quad y = -\dfrac{a}{2V^2}x^2$

です．これが，物体が動くことで描かれる曲線の式です．

2次関数になったので，この曲線は放物線だと分かりました！「2次関数のグラフが放物運動を表していることが初めて分かった！」という方が正確かも知れません．

サルヴィヤチ（ガリレオ）がこのような説明をしても，サグレドとシムプリチオはいちゃもんをつけてきます．

第3章 「新科学対話」とは？ ＝第3, 4日＝

> **論点**
>
> 水平方向，鉛直方向を仮定して議論しているが，そもそも，そんなものは存在しないのではないか？ だって地球は丸いのだから．
>
> ずっと水平に進むと地球から飛び出してしまうし，鉛直方向を「地球の中心に向かう方向」と考えたら，その向きはどんどん変化するし．

確かに，水平方向にどんどん進むと，地球からはみ出してしまいそうですし，鉛直方向（地球の中心に向かう方向）も時々刻々と変化してしまいます．こんな状況で，「水平方向は不変で，鉛直方向は自然落下で…」などの議論は許されるのでしょうか？

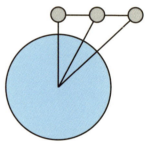

水平方向に進むと…

真っ直ぐ下に落ちるだけの自由落下なら，水平方向には動かないですし，鉛直方向も変化しませんでしたが，2つの運動の合成になってしまうと，このような問題が発生するのです．

問6

このような問題点について，どう考えたら良いでしょう？
サルヴィヤチ（ガリレオ）になったつもりで答えてください．

サルヴィヤチ（ガリレオ）は次のように答えています．

✓ 答

　地球の大きさはとんでもないものだから，私たちが普通に観測できる運動について考える分には，地球が球であることの影響を考慮する必要などないのです．

　むしろ，空気の抵抗による影響の方が大きいので，そちらの影響を考える方がずっと大変なのです．そこで，私たちが考えるのは，十分速く動いて，空気抵抗を考えなくても良い状況で，しかも地球が球である影響を受けない範囲のものとしておきましょう．

　正確には，影響があっても，誤差が小さい，ということです．

　質問に対して答えながらも，さらに大きな問題点があることを自らさらけ出しています．そして，それらを合わせてどう解決していくかを考えているわけです．

　このような適当な仮定のもとで議論するのは，物理の基本になっています．

　現実をある程度理想化したモデルを考えるということをちゃんと考えていたわけです．さすがはガリレオ，科学を生み出した男です．

　さて，もう1つ，考えておく必要があります．斜め上に投げ上げた場合です．当時で言うと，大砲の砲弾の描く曲線です．

　これまでに作り上げてきた理論をどう利用したらよいでしょうか．

　水平方向は等速運動をしています．一定速度を V とおいて考えると，時刻 T までの水平方向の移動距離は，面積を使って簡単に計算できます．先ほどと同じなので省略しておきます．

　問題は鉛直方向です．

第3章 「新科学対話」とは？ ＝第3, 4日＝

　初めに上向きの速さ U で打ち出されるとします．すると，重力の影響でどんどん遅くなっていき，一番高いところでは，鉛直方向の速さは0になってしまいます．その後，落下に転じて，下向きに進むようになります．そこから下向きの速さはどんどん増していきます．これをどう捉えたら良いのでしょうか？

　現代的にやってしまいます．

　重力の影響で等加速運動をするので，時刻 T での速さの変化の大きさを aT とおくことができるのでした．上向きを正と考えたら，時刻 T における速さは

　　$U - aT$

となります．これについては，後ほど問として詳しく見ていきます．

　T がある程度大きな値のときには，この値は負になっています．つまり，下向きに動いている，ということです．

　では，最も高くなる瞬間はどのようにとらえることができるでしょうか？

　$U - aT = 0$ となる瞬間が，一番高い位置にいる時を表すのです．それは，

$$at = U \quad \therefore \quad t = \frac{U}{a}$$

となるときです．

　では，速さ $v = U - at$ のグラフを描いてみましょう．そして移動

距離が面積でしたが，負になる部分をどう解釈していけば良いのか，考えていきましょう．

問 7

$v = U - at$ のグラフは下のようになります．$v = 0$ となる時刻 $t = \dfrac{U}{a}$ を境目として，グラフと横軸の間の図形は形が変わってしまいます．$t = \dfrac{U}{a}$ までは台形，$t = \dfrac{U}{a}$ のときは三角形，それ以降は2つの三角形になります．これらの面積が表すものが何であるか，説明してみましょう．

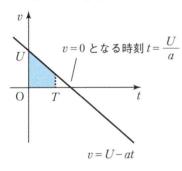
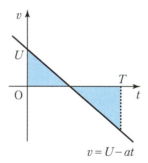

✓ 答

$T < \dfrac{U}{a}$ のとき，物体は原点よりも上にあって，台形の面積は，「原点よりもどれだけ上にいるか」を表しています．

$T = \dfrac{U}{a}$ のとき，$v = 0$ で，一瞬だけ静止します．このとき物体

第3章 「新科学対話」とは？ ＝第3, 4日＝

は最も高い位置にいます．三角形の面積は，「最高到達地点（頂点）の高さ」を表しています．

難しいのはここからです．

$T > \dfrac{U}{a}$ のとき，$v < 0$ なので物体は下降しています．$t > \dfrac{U}{a}$ の部分にある三角形は横軸よりも下にあります．この部分の面積は，最高地点からの落下距離を表しています．図のように S_1, S_2 とおくと，

$S_1 =$（最高地点の高さ）

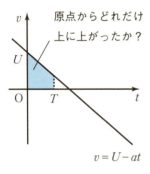

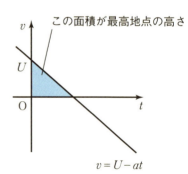

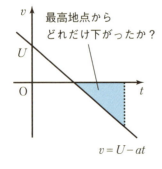

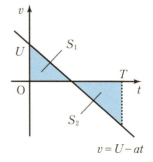

$S_2 =$（最高地点からの落下距離）

です．

　これらを用いて物体の位置を考えるには，$S_1 - S_2$ を考えれば良いことが分かります．

　$S_1 - S_2 =$（原点の高さを 0 としたときに，物体がある高さ）

です．

　$S_1 - S_2$ が正のときは，原点よりも上に物体があります．

　$S_1 - S_2 = 0$ のとき，つまり $S_1 = S_2$ のときは，原点と同じ高さに物体があります．地面から打ち上げて，地面に戻ってくるまでの運動を考えるときには，このときが着地点を表しているわけです．

$S_1 - S_2$ が負のときは，原点よりも下に物体があります．

● ● ● ● ●

　より現代的には，これは積分計算によって表現されます．結果だけ述べると，

$$\int_0^T (U - at)dt = \left[Ut - \frac{a}{2}t^2\right]_0^T = UT - \frac{a}{2}T^2$$

が，時刻 T において物体が鉛直方向でどの位置にあるか，を表しています．つまり，$T < \dfrac{U}{a}$ のときの台形の面積，$T = \dfrac{U}{a}$ のときの三角形の面積，$T > \dfrac{U}{a}$ のときの $S_1 - S_2$ を統一的に表したものです．

　これで斜め上に投げ上げるときの動きが完全に分かりました．

　時刻 $t = T$ における物体の位置は

　　$x = VT$

$$y = UT - \frac{1}{2}aT^2$$

と表すことができます.

T を x の式で

$$T = \frac{x}{V}$$

と表すことができるので,これを代入したら,

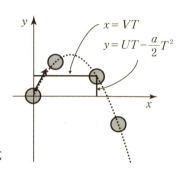

$$y = U\left(\frac{x}{V}\right) - \frac{1}{2}a\left(\frac{x}{V}\right)^2 \quad \therefore \quad y = -\frac{a}{2V^2}x^2 + \frac{U}{V}x$$

です.これが,初速が水平方向 V,鉛直上向き U のときに,物体が動くことで描かれる曲線の式です.

実際は,a の値は重力加速度 $g \fallingdotseq 9.8$ で,ガリレオ時代には未知のものです.

このような未知の部分がいくつかある上で議論を組み立てているので,運動をキッチリ式で表すことをガリレオ時代には行えていません.2つの運動を比較して,時間や速さや到達距離などの比を求める形になっています.

微分積分を用いないと,定式化するのはなかなか大変なのです.それでも,比という形でしっかりした結果を得ているのはすごいことです.実験結果を元に理論を組み立て,その理論に従って結果を予想し,さらに,実験によってその結果が正しいことを検証するのです.このような科学の姿勢を作り出したのが,ガリレオの一番の功績と言えるでしょう.

放物運動を扱う4日目は,「砲弾をもっとも遠くまで飛ばすには,

どの角度で打てば良いか？」という問題の答えを求めています．その辺りは第7章で扱います．

　4日間の議論をザッと追いかけました．実際のガリレオの著作「新科学対話」では，もっと細かいことを議論していますし，もっと幾何的なものになっています．もっと生々しく議論しています．もっともっと多くのテーマを話しています．正直，何を言っているのか解読しにくい部分も多々あります．

　現在，絶版になっているはずで，古書店などで探さないと本は見つかりません．もしも入手できるなら，現物を読んでもらえると面白いでしょう．オリジナルと本書を比較して「全然違うじゃないか！」と思われるはずです．それくらい現代とは違う手法を用いています．その世界にどっぷり浸かって解説をすると，現代人にはとても読みにくくなってしまいます．ですので，ガリレオのすごさを損なわないように気をつけながら，現代風に説明をしてきました．

　以降の章では，深く掘り下げたら特に面白そうな部分を抽出して取り上げていきます．

　ガリレオの思考と現代の手法を織り交ぜていますが，十分にお楽しみいただけるはずです．

第 4 章

ガリレオ流
無限の取り扱い

第4章 ガリレオ流　無限の取り扱い

1日目のことです．アルキメデス学派のシムプリチオから

　有限の中に無限が含まれることがあるか？

という問を突きつけられたサルヴィヤチ（ガリレオ）．どのように答えていくのでしょうか？

ここでの論点はいくつかあります．

論点

「無限と有限の違いは何？」

「物質は無限に多くの不可分な部分から構成されているのか？」

「有限の大きさの中に無数の真空・不可分な部分が存在することはできるか？」

「無限個の無限小を合わせて収縮を起こせるか？」

ということを考えています．

大きさをもたない量を「無限小」と呼んでいます．線分を細かく分けるという文脈で使っているので，長さのない部分，すなわち「点」というイメージで良いでしょう．大きさのない点を無限に集めたら線分になる，というのも分かっていてもイメージが湧かないものです．

長さ1の線分上には，0と1の間のすべての数字に対応する無限個の点があって，それを集めて線分ができあがっているわけです．

この辺りを突き詰めると，かなり煩雑になります．「無限」にも色んな「無限」がある，といった話になってしまいます．本書では深入りしないでおきますが，「集合の濃度」という概念になります．

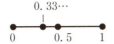

有限な長さをもつ線分を「2等分」「3等分」…と細かく分割することはできますが，何等分しても「長さ」は残ります．

また，線分を「無限等分」して分割することができたら，そのときの各部分に長さがあってはなりません．なぜなら，有限な長さであっても，同じ長さを無限個集めると無限の長さになってしまうからです．どれだけ小さな数字でも，数字であれば，圧倒的に大きい数字をかければ，どこまでも大きな値になってしまうのです．これが「有限」というものです．「小さいにもキリがある」のです．

一方，「無限」には，キリがありません．

イメージしにくいですが，「無限小」は，集め方によって「0」にも「1」にも「∞」にもなれるのです．もはや直感的に考えることはできません．「∞（無限大）」についても直感は通じません．

サルヴィヤチ（ガリレオ）は面白い例を挙げています．現代数学にも通じるような素晴らしい例です．

📝 問1

自然数の平方（2乗）となる数を平方数と言います．平方数は無数に存在します（個数が無限大）．では，その個数は，自然数の個数とどちらが多いでしょうか？

第 4 章　ガリレオ流　無限の取り扱い

✅ 答

「個数」というのをどう捉えるかは難しいですが，次のように考えることで，平方数と自然数は「同数ある」と考えるのが自然です．

　　1, 2, 3, 4, 5, 6, 7, 8, 9, 10, 11, ……

のうち平方数は

　　1, 4, 9, ……

しかありません．平方数は自然数の一部分なので，個数は，自然数の方が多いように思います．

けれど，自然数1つにつき，「その2乗」という平方数が対応していると考えると，平方数と自然数は全体として1：1に対応していることが分かります．

無限個を扱うときは，対応関係があるかどうかを論点にするものなので，「同数」と考える方が自然なのです．

無限を考えるときには，**全体と部分が等しくなることがある**のです．こういう直感に反するものを考えていくので，サグレドとシムプリチオはとても苦しんでいます．

「物質は無限に多くの不可分な部分から構成されているのか？」

に対しては，例えば，次のようなことを考えています．

✏️ 問 2

底面の半径が r で，高さが h の円柱があります．これの体積を変えることなく，高さを $100h$ に変えます．すると底面の半径と側面積は元の何倍になるでしょうか？

✓ 答

元の円柱の体積は $\pi r^2 h$ で，側面積は $2\pi rh$ です．

体積を維持して高さを100倍にしたときの半径を R とおくと，

$$\pi r^2 h = \pi R^2 (100h)$$

より，

$$R^2 = \frac{1}{100}r^2 \quad \therefore \quad R = \frac{1}{10}r$$

です．また，側面積は

$$2\pi \cdot \frac{1}{10}r \cdot 100h = 10 \times 2\pi rh$$

で，元の10倍になりました．

体積を維持していても，高さを大きくしたら，表面積は大きくなるのです．高さをもっともっと大きくしたら，側面積はもっと大きくなってしまいます．

ということは，金属の棒に金メッキを施したとして，その棒をどんどん細く延ばしていくと，どうなるでしょう？　金メッキも合わせて延びていくと考えてください．面積が増える分だけ薄くなっていくことが分かると思います．

この考察から，薄く見える金メッキも，実はかなり多くの金の粒子からできていることが分かるのです．「このことから，有限な中にも無数（に近いくらい）に多くの不可分な粒子が詰まっていることは十分にあり得るんだ」と論証しています（延ばすのにも限界が

第 4 章 ガリレオ流 無限の取り扱い

あるから，この理屈は少し苦しいですけど…）．

これは少し無理があったかも知れません．無限というものをどう捉えるかの問題も含んでいるので，仕方ない部分もあります．

しかし，サルヴィヤチ（ガリレオ）は，もう一つ，違う方法で「有限の中に含まれる無限」のことを考えています．かなり意外な方法です．

✏ 問 3

正三角形を直線の上に載せる．これを回転させていくとき，印をつけた頂点が描く図形を，下の図に書き込んでみよう．

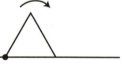

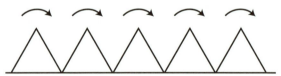

✓ 答

正三角形を回転させると，どれか 1 つの頂点が直線上に固定されたまま，別の頂点は円運動をします．中心は順に A, B, C, D となります．

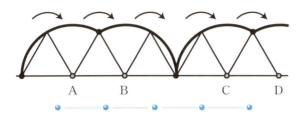

同じことを正六角形でもやってみよう．

✏ 問4

正六角形を直線の上に載せる．これを回転させていくとき，印をつけた頂点が描く図形を，下の図に書き込んでみよう．

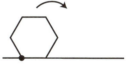

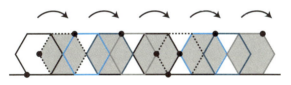

✓ 答

正六角形を回転させると，どれか1つの頂点が直線上に固定されたまま，別の頂点は円運動をします．中心は順に A 〜 I となります．

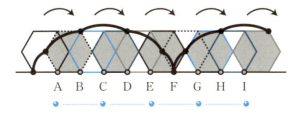

第4章　ガリレオ流　無限の取り扱い

　正三角形のときと比べたら，かなり滑らかになってきました．同じことを正11角形で行うと，もっと滑らかになります．

　正∞角形に相当する「円」で考えたら，どうなるでしょうか？次のように滑らかな曲線が得られます．

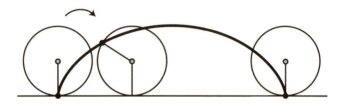

　この曲線を「サイクロイド」と言います．また後ほど登場しますので，ぜひ，名前を覚えておいてください．

　さて，ここから，有限の中の無限の話に移っていきましょう．こんな図形問題が無限の話とどうつながるのか，想像もできないのではないでしょうか？

　再び，正三角形を直線の上に載せて，回転させていきます．ただし，今回は，真ん中に小さい正三角形をくっつけて回していきます．

　大きい正三角形を回転させると，各辺がくっつく部分を全部集めたら，直線全体になります．

　小さな正三角形もある直線に載って動いていくように見えますが，辺がくっつく部分を集めても直線全体にはなりません．

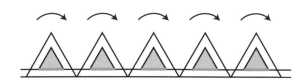

参考までに，1つの頂点の動きを追いかけてみると，次の図のようになります．

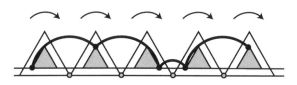

同じことを正六角形でもやってみましょう．

正六角形の中に小さな正六角形をくっつけて回転させます．すると，小さな正六角形もある直線にくっつきながら回転しているように見えますが，正六角形の辺が触れる部分は，直線全体にはなりません．

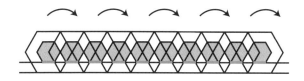

1周分を考えると，直線上には，触れた部分と隙間部分が交互に6回現れています．

では，これを円で考えたらどうなるでしょうか？

小さい円上の点が描く図形は，サイクロイドとは少し違うようです．しかし，小さい円が触れる部分は，多角形の場合とは違って，

第 4 章　ガリレオ流　無限の取り扱い

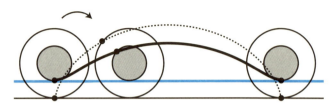

直線全体になるようです．円が通過する長さよりも直線上の触れられた部分の長さの方が長くなるので，小さい円は，直線にくっついて"滑りながら"移動しているようです．

サルヴィヤチ（ガリレオ）の解説は興味深いものです．

> 正∞角形である円の場合も，正多角形の場合と同じように，無限個の触れた部分と隙間部分が交互に無限回現れているんだ．見方を変えると，実際より長い長さに拡大されているんだ．

というものです．これで有限の範囲に無限の隙間を作ることができたわけです．

しかも，無限個の部分を集めて有限な長さにしかならないので，触れた部分も隙間部分も，1 つ 1 つは無限小になっているわけです（大きさがあるものを無限個集めたら無限の大きさになるのでした）．

こう考えたら，自分の想定している物質の構造を実現できるわけですから，自分のモデルの信憑性を増すための材料となるのです．こういう発想は科学で大事です．いかに優れた理論でも，実装できなければ意味がないのです．

サルヴィヤチ（ガリレオ）は同じようなことをもう一度やっています．ただし，内側に小さな図形をくっつけるのではなく，外側に大きな図形をくっつけて回転させます．さぁ，何が起こるか考えてみましょう．これが最後のテーマ

「無限個の無限小を合わせて収縮を起こせるか？」

のガリレオ流の答えになります．

この問いは意味が分かりにくいですが，要するに「液化したら物体の体積が増え，固化すると体積は減少する．これが実現できるのは，物体が無数の不可分な部分から成り立っているからだ．」と言いたいわけです．

 問5

正三角形を直線の上に載せる．その外側に大きな正三角形をくっつけて回転させていく．大きな正三角形の頂点の動きを観察し，さらに，辺が触れる部分を考えよう．

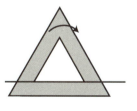

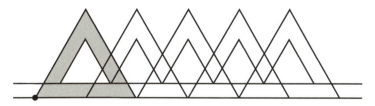

✓ 答

頂点の動きを追うには，円の中心を探していけば良いでしょう．

辺が触れる部分は直線全体になっています．しかも，どこも複数回触れられるようです．

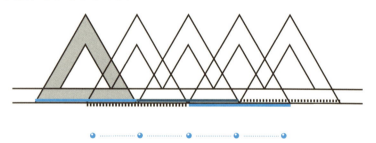

辺の個数を増やして，最終的に円にしていきましょう．

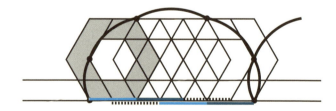

大きい円が触れる部分は直線全体になりますが，多角形バージョンからも分かるように，実際に円が進む距離よりも短い長さしか触れていない状況です．"空回りしながら"進んでいるわけです．しかし，逆走は決してしていません．

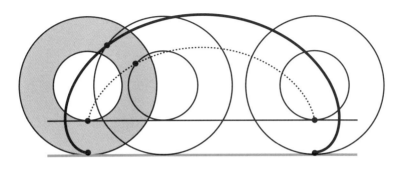

サルヴィヤチ（ガリレオ）の解説は興味深いものです．

> 正∞角形である円の場合，無限個の触れた部分が前後の部分と重なりながら，実際よりも短い長さに収縮している．

というものです．

　これで論点として挙げていたものは，一応の解決をみました．現代的な視点で見るとおかしな部分もありますが，それは仕方ないことです．現代の理論が覆る可能性もあるわけですから，ガリレオの考えたことがすべて正しいわけではありません．大事なことは，実験結果を合理的に説明するために数学的な手法をとりながらモデルを構築していることです．過去の理論を盲信している人ばかりの時代に，このような姿勢を貫き通したガリレオの偉大さは特筆に値します．

第 5 章

これぞガリレオ
落下と振り子

第5章 これぞガリレオ 落下と振り子

ガリレオと言えば,「ピサの斜塔での落下実験」と「シャンデリアを観察しての振り子の等時性発見」が有名です.

落下実験は,実際には斜面で行っていたようですが,実験の繰り返しによって等加速運動の本質を見抜いた眼力はさすがです.この辺りの話は,第3章の内容です.

落下

サルヴィヤチ(ガリレオ)は,「真空中ならどんな物体も同じ速さで落下する」けれど,「空気中では空気の抵抗を受けるために,物体の形によって速さが変わってしまう」ということを述べているのでした.

詳しく見ていきましょう.

アリストテレス哲学では,

> 物体の落下速度は,重さによって変化する

と主張していました.より詳しく言うと,

誤った考え方

> 1) 重さが違う物体を同じ媒体の中で落下させると,速度は重さに比例する
> 2) 同じ物体を異なった媒体の中で落下させると,速度は媒体の密度に反比例する

という主張です.「重さが2倍なら速さも2倍」「媒体の密度が2倍なら速さは半分」といった具合です.

1)を覆すために行ったのが,「ピサの斜塔から重さの違う玉を

落とし，同時に地面に到達する」ことを確かめた実験です．実際には，溝を掘った斜面で行った，とも言われています．

実験を繰り返すことによって，

1）重さが違っても真空中を落下させると同じ速さで落下する

を導いたのです．

アリストテレスの1）は，実験によって簡単に否定することができるわけですが，それをすることなく，過去の理論を盲信し続けていたのが当時のアリストテレス学派というわけです．

また，「新科学対話」のサルヴィヤチ（ガリレオ）は，2）も完全に否定しています．その方法というのは，次のようなものです．実験ではなく，理論で否定しています．

📝 問1

空気中では落下するが，水中では落下しない「木製の玉」を考えます．

空気と水では密度が違います．密度の比が，仮に，1：10とします．

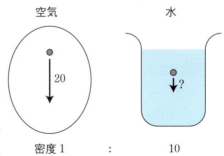

仮に，空気中での速さを20としてみましょう．

アリストテレスの考え方を用いて水中での玉の速さを考えると不具合が起こります．それを説明してください．

第5章 これぞガリレオ 落下と振り子

✓ 答

密度の比が1：10であれば，アリストテレス的には，空気中での速さは水中での速さの10倍となります．ですから，空気中での速さを20とすれば，水中での速さは2となります．

水中では落下しないはずのものが，2の速さで落下することになってしまいます．本来は落下せずに浮いてしまうにも関わらず．

● ················ ● ················ ● ················ ● ················ ●

このように，アリストテレスの理論を仮定したら，簡単に矛盾を導くことができるのです．よって，アリストテレスの理論は，この点に関しては間違っていることが確認できるのです．

それでもシンプリチオは反論します．1）に関してです．

> 例えば，羊の毛と鉛の玉を落下させて，同じ速さで落ちるわけがないじゃないか．

これに対して，サルヴィヤチ（ガリレオ）は答えます．

> 落体が重さによらず同じ速さで落ちるのは，真空中での話です．真空以外では，落体が媒体から受ける抵抗力が形や重さ，速さによって変わってしまうのです．

さらに，面白い議論を展開します．これがアリストテレスの2）に代わるガリレオの2）です．

2）落下する距離が非常に長くなると，落下する力と抵抗力が釣り合う速さに到達し，それ以降は一定速度になる．

　実際，非常に高い所から落ちてくる雨粒は，地上に到達する際にとても速いはずなのですが，そうでもないのです．空気の抵抗力の影響です．抵抗力は速さに比例し，抵抗力と重力が釣り合うような最終的な一定速度（終端速度と言います）は，重さに比例することも分かっています．

　実験と推論によってこの性質を見いだしていたガリレオは，やはり天才です！

　現代的に説明してみます．

　雨粒が上空100mから落下すると，空気抵抗がないとしたら44m/sくらいの速さになるそうですが，実際には空気抵抗の影響

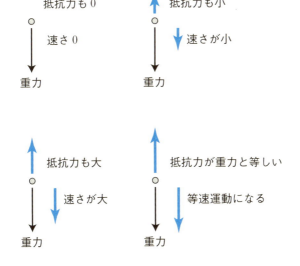

第 5 章 これぞガリレオ 落下と振り子

で10m/sくらいの速さになるのだそうです．速さが増すにつれて大きな抵抗力を受けるようになり，速さが制限されてしまうのです．

あまり速くない場合は，抵抗力は速さに比例するそうです（比例定数を k としておきます）．下向きの力である重力と，上向きの力である抵抗力．その差を考えて，物体に働く力を調べるのです．説明はせずに，式変形だけ書きます（詳細は，本書では省略します）．

$$ma = mg - kv$$

$$m\frac{dv}{dt} = mg - kv$$

$$\frac{d}{dt}\left(v - \frac{mg}{k}\right) = -\frac{k}{m}\left(v - \frac{mg}{k}\right)$$

$$\therefore \quad v - \frac{mg}{k} = -\frac{mg}{k}e^{-\frac{k}{m}t}$$

$$v = \frac{mg}{k} - \frac{mg}{k}e^{-\frac{k}{m}t}$$

となります．

微分方程式を解いているので，少しややこしいです．最後の部分は，時刻 $t = 0$ で $v = 0$ ということを使って計算しています．

t を限りなく大きくすると

$$\lim_{t \to \infty} v = \lim_{t \to \infty}\left(\frac{mg}{k} - \frac{mg}{k}e^{-\frac{k}{m}t}\right) = \frac{mg}{k}$$

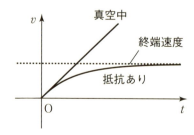

となって，これが終端速度の値になります（詳細は省略します）．

以上により，速さ v のグラフは図のようになることが分かります．真空中での速さの変化と比較してみると，大きく違っています．

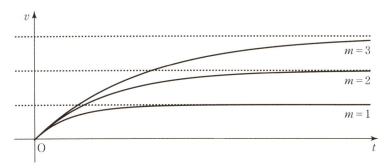

また，細かいことを言うと，v の式の中，および，終端速度の値に物体の質量 m が含まれています．これは，質量によって速さ v の変化，および，終端速度が変わる，ということになります．特に，終端速度は m に比例していることが分かります．

さて，次に，振り子について見ていきましょう．

振り子

振り子というのは，糸の端に玉をつけて，1つの平面内で振るものです．

「等時性」というのは，

> 振り子の周期が糸の長さ l だけで決まり，玉の重さや，手を離す高さとは無関係

第 5 章 これぞガリレオ 落下と振り子

第 5 章　これぞガリレオ　落下と振り子

という性質のことです．ここで，周期というのは，

　　手を離して落下開始
　→最も低い所を通過
　→最高地点（実は，これは手を離したのと同じ高さになります）まで上昇
　→再び落下を開始
　→最も低い所を通過
　→手を離した地点に帰還

という一連の動作が 1 回終わるまでの時間です．

等時性は，糸の長さが同じであれば，

- 高い所から落とすと，動きが早いので，長距離を移動するが，同じ周期で戻ってくる
- 低い所から落とすと，動きが遅いので，移動距離は短いが，戻ってくるまでに，時間は同じだけかかってしまう

ということです．

その周期を求める公式が

公式

$$振り子の周期 = 2\pi\sqrt{\frac{l}{g}}\ (g \fallingdotseq 9.8)$$

というものです．現代の物理での公式です．

問 2

糸が長くなったら，周期は長くなるでしょうか？　短くなるでしょうか？

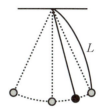

答

π と g は定数なので，周期は糸の長さ l の平方根に比例することが分かります．よって，l が大きいほど周期は大きくなります．

ガリレオは，シャンデリアを見ていて気づいた「等時性」を，実験の繰り返しを経て確信に変えました．

これを証明するのは，大変です．途中で近似を用いるので，厳密な意味での「等時性」が成り立っているわけではないことも注意しておきます．「新科学対話」のサルヴィヤチ（ガリレオ）は証明は行っていませんが，「糸の長さの平方根に比例した振動時間をもっている」と述べています．等時性のみならず，異なる糸の長さで考えた場合の相互関係についても，実験結果から把握できていたわけです．

補足です．

近似を用いると言いましたが，これは，「振れる角度が小さいときは $\sin\theta \fallingdotseq \theta$ が成り立つ」を用いています．振れる角度が大きくなると，等時性はあまり成り立たなくなってしまいます．しかし，

第 5 章　これぞガリレオ　落下と振り子

θが小さいときは等時性を認めることはできます．

ですので，十分に長い糸を用意して，振れる角度を小さくするような工夫をしておけば，かなり正確に時を刻むことができます．ガリレオは，この性質を利用して時計を作ろうとしていたようです．

等時性とは関係ないですが，もう1つ，補足しておきます．

第3章で，「斜面を落下する玉が地面に到達するときの速さは，高さが等しいなら，傾斜によらずすべて等しい」ということを証明しました．

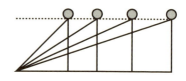

実は，この性質は，「エネルギー」というものを用いて考えることができます（詳細は第8章）．「位置エネルギーが運動エネルギーに変わる」ということから，斜面に沿って落ちる場合のみならず，振り子であっても，円運動であっても，同じ高さから速さ0で落下すると，どんな運動をしても最下点では同じ速さになることが分かるのです．

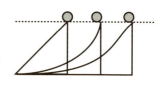

よって，糸の長さが同じ振り子であれば周期は一定ですが，一番下を通過するときの速さは，手を離す位置によって違うのです．高い所で手を離す方が速いわけです．

一方，糸の長さが違っても，同じ高さで手を離していたら，一番下を通過するときの速さは同じになるのです．

ガリレオは，この性質を振り子で説明しています．その内容を紹介しましょう．

まずガリレオが確認したのは，Cで手を離した振り子の玉は，Cと同じ高さのDまで上がり，再びCの所まで戻ってくることです．そして，Cで一瞬だけ停止して，落下を始めます．

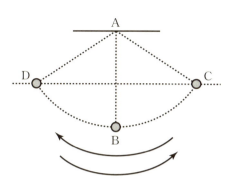

もちろん，空気の抵抗がない状況で考えています．実際には，空気抵抗のために減速して，振り幅はどんどん小さくなりいずれはBのところで静止してしまいます．

空気抵抗は気にしないでいきます．

問3

Eの位置に釘を打ち付けたら，振り子はどのような動きをするでしょうか？

Eの釘を抜いて，Fの位置に釘を打ち付けました．すると，振り子はどのような動きをするでしょうか？

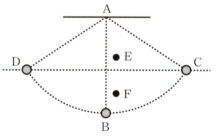

第 5 章　これぞガリレオ　落下と振り子

✓ 答

糸がEの釘に引っかかるまではAを固定点とするような振り子として運動します．その後は，Eが固定点となるような振り子運動に変わります．

エネルギーの考え方から，Cと同じ高さの点Gまで上がって，そこで一瞬停止します．以降，この曲線上を繰り返し往復します．

次に，Fに釘がある場合です．

糸がFの釘に引っかかるまでは

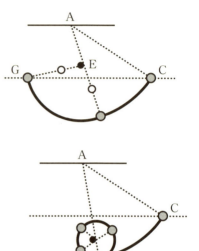

Aを固定点とするような振り子として運動します．その後は，Fを固定点として振り子運動をして，Cと同じ高さまでいきたいですが，糸の長さが足りません．ですので，ここから糸は釘に巻き付きます．最終的に何周巻き付いてどこで止まるかは，これだけの情報からは分かりません．

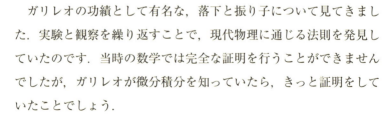

ガリレオの功績として有名な，落下と振り子について見てきました．実験と観察を繰り返すことで，現代物理に通じる法則を発見していたのです．当時の数学では完全な証明を行うことができませんでしたが，ガリレオが微分積分を知っていたら，きっと証明をしていたことでしょう．

実験結果から法則を読み取り，その正しさを検証する．まさに科学の基本です．この基本的な姿勢を実践したのがガリレオ．以降の

科学に決定的な影響を及ぼしたと言っても良いでしょう．

　次章も，そのことを実感できる内容です．こんなことよく考えたな，と感じるものですが，それを生み出す前には，きっと数え切れないほどの実験を繰り返しているのでしょう．

　ガリレオが得た素晴らしい成果を紹介しますが，実は，ガリレオが誤認していることもあって，そこが興味深いところです．ガリレオ物理の真骨頂と言える部分ですので，存分に堪能してください．

第 6 章

予想を覆す
最速降下曲線

第 6 章　予想を覆す　最速降下曲線

2点 A, B を結ぶ最短経路は，線分です．

線分 AB に沿った斜面を作ると，最短経路で A から B に移動できます．他にも曲線を使って斜面を作り，移動することもできますが，移動距離は線分が一番短いのです．

では，A から玉を静かに転がすとどうなるでしょう？

線分に沿って転がるのが一番速く B に到着しそうですが，実は違うのです．ガリレオは，B で水平面に接するような円で A を通るようなものを使って斜面を作ると，線分に沿って移動するよりも速く B に到達することを証明しました．幾何的に，キッチリ証明しています！　そして，「円に沿った移動が最短時間で B に到達できるものだ」と主張しています．

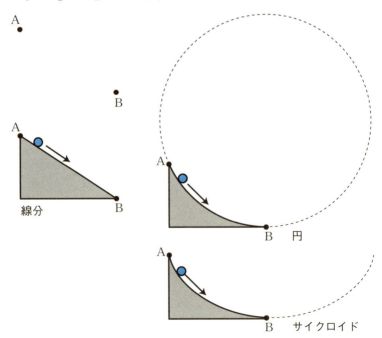

しかし，残念ながら「円が最速」という主張は誤りでした．後に，ヨハン・ベルヌーイによって，「真の最速降下曲線はサイクロイド」と証明されたのです．サイクロイドは第4章で登場した，円を転がすときの図形です．

　微分方程式や変分といった物理的な手法を用いての証明になるので，ガリレオの時代には，これを証明することはできませんでした．また，実際に比較すると，円に沿った移動とサイクロイドに沿った移動でのBへの到達時間はそれほど変わりません．

　ヨハン・ベルヌーイに上書きされはしたものの，線分に沿った移動が最速降下曲線ではないことを突き止めたガリレオは，やはり素晴らしい観察力と論証力を持っていたと言えます．

　では，ガリレオが「線分に沿うよりも円に沿う方が速く落下する」という結論に至るまでの流れを追いかけましょう．

　まずは，第3章の復習です．

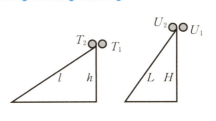

　図のような2つの斜面があります．h，Hの高さからの自由落下で地面に到着するまでに要する時間をT_1，U_1として，斜面に沿って玉が転がって地面に着くまでの時間をそれぞれT_2，U_2とおきます．

　このとき，第3章の問5より，

$$T_1 : T_2 = h : l, \ U_1 : U_2 = H : L$$

∴　$hT_2 = lT_1, \ HU_2 = LU_1$

　　$T_1 : U_1 = \sqrt{h} : \sqrt{H}$

第 6 章　予想を覆す　最速降下曲線

$$\therefore \ \sqrt{h}\, U_1 = \sqrt{H}\, T_1$$

となるのでした．そして，これらから，

公式

$$T_2 : U_2 = \frac{l}{\sqrt{h}} : \frac{L}{\sqrt{H}} \cdots\cdots\cdots (*)$$

を導いたのでした．

(*) から $T_1 : T_2 = h : l$ を導くこともできます．つまり，自由落下の時間 T_1 では，高さ h，斜面の長さ h と考えて，

$$T_1 : T_2 = \frac{h}{\sqrt{h}} : \frac{l}{\sqrt{h}} = h : l$$

と分かるのです．

というわけで，(*) さえ覚えておけば多くの状況を説明できるわけで，これがガリレオの得た究極の公式です．

問 1

半径 r の円 C があります．C の鉛直方向の直径が PR です．C 上に点 Q をとり，斜面 PQ を作ります．

図のようにおくとき，R からの自由落下で P に到達するまでの時間 T_1 と，Q から斜面に沿って P に到達するまでの時間 T_2 について考えます．

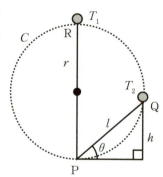

(1) QとRを線分でつなぎます．すると，θと同じ角度になるものがあります．それはどこでしょうか．

(2) (1)より，$l:h$ がある比と等しくなることが分かります．その比を，r, l を用いて表しましょう．

(3) (2)とガリレオの究極公式 (*) を用いて，T_1 と T_2 の関係を考えてみましょう．

答

(1) PRが直径なので，PQ と QR は垂直に交わります．すると，
$\angle \mathrm{RPQ} + \theta = 90°$，
$\angle \mathrm{RPQ} + \angle \mathrm{PRQ} = 90°$（直角三角形）
より，$\angle \mathrm{PRQ} = \theta$ です．

(2) (1) より，直角三角形 PQR は，斜面の直角三角形と相似になっています．対応する辺の比を考えると，次の関係が分かります．

$l : h = 2r : l$

(3) (*) より，

$$T_1 : T_2 = \frac{2r}{\sqrt{2r}} : \frac{l}{\sqrt{h}} = \sqrt{2r} : \sqrt{\frac{l^2}{h}}$$

です．(2) より，$l^2 = 2rh$ なので，

$$T_1 : T_2 = \sqrt{2r} : \sqrt{\frac{2rh}{h}} = \sqrt{2r} : \sqrt{2r} = 1 : 1$$

です．つまり，T_1 と T_2 は等しいのです！

第6章　予想を覆す　最速降下曲線

これも，ガリレオの発見したすごい公式です！

お気づきでしょうか？　Qの位置は円周上のどこにとることもできますが，その位置によらず T_2 が T_1 に等しいのです．T_1 は一定の値なので，次の結論が導かれたのです．

公式

円周上の点と最下点Pをつないでできる斜面に沿って，静止状態から玉を落とすと，Pに到達するまでに要する時間は，斜面の作り方によらず一定になる．最上点から円周上の点に向かって斜面を作っても同様である．

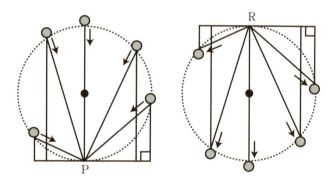

この法則を発見していたことは，かなりすごいことと思います．そして，これがさらにすごい結果につながるのです．その結果を紹介するには，いったん，図形問題を考えなければなりません．

問 2

Aを中心とする円があり，中心から鉛直下方向にある円周上の点がBです．また，Cは∠BACが90°未満となるような円周上の点です．

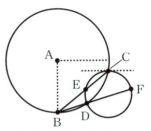

Cで水平方向の直線に接するような小さな円を描き，大きい円との交点をDとします．そして，その円と直線BC，BDとの交点をE，Fとします．

目標は「ECとDF」，「BCとBF」，「BEとBD」の大小関係を調べることです．

直線AC，ADを引きます．Aが大きい円の中心なので，AC＝ADであり，対称性から，2直線は小さい円の中心から等距離にあります．

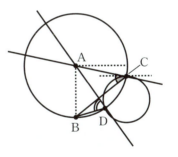

(1) ∠ACBと∠ADBはどちらが大きいでしょうか？

(2) (1)を使って，ECとDFのどちらが大きいか考えてみましょう．

※直線AC，ADが小さい円の中心から等距離にあるので，右の図のように2つを重ねて描くことができます．

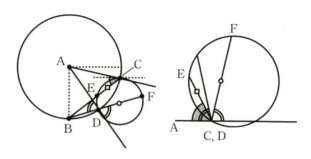

(3) (2)を使って，BCとBFのどちらが大きいか考えてみましょう．

※ (2)からは，小さい円の中心から2直線BC，BFまでの距離の大小が分かります．

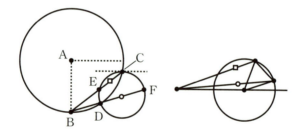

(4) ここまで分かったことと<u>方ベキの定理</u>を用いると，BEとBDの大小関係が分かります．どちらが大きいでしょうか？

「方ベキの定理」という公式を紹介しておきましょう．

公式

円周上に4点 A, B, C, D があり, 2直線 AC, BD の交点を P とおくとすると, P が円の中にあっても, 外にあっても,

AP・CP = BP・DP

が成り立つ.

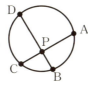
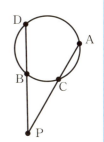

この公式は, 三角形 PBC, PAD が相似になっていることから導くことができます.

✓ 答

(1) 正解は ∠ACB < ∠ADB です.

理由を説明します.

直線 AC, AD と円の交点を P, Q とおくと, ∠ACB は弧 BP に対する円周角, ∠ADB は弧 BQ に対する円周角です.

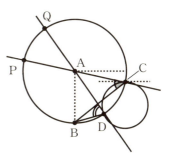

円周角の大小は, 弧の長さの大小で決まります. 弧 BQ の方が長いので, ∠ADB の方が大きいことが分かります.

(2) (1)で考えた角の大小関係から, AC と AD を重ねた図で見ると, ○の方が□より長いことが分かります. CE は円の外方向に向かっており, DF は円の中方向に向かっていることに注意

第6章　予想を覆す　最速降下曲線

しておきましょう．

よって，CE＜DF です．

(3) 円の中心から直線までの距離の大小は，弦の長さの大小を見れば分かります．近い方が弦は長くなります．(2) から，CE＜DF だったので BC と BF では，BF の方が中心に近いことが分かります．

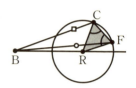

小さい円の中心を R とおくと，三角形 RCF は二等辺三角形です．∠RCF = ∠RFC より，∠BCF ＞ ∠BFC です．

三角形 BCF で考えると，対角が大きい方が対辺は長いので，BC＜BF となっていることが分かります．

(4) 方ベキの定理より，

　　BE・BC = BD・BF

です．(3) より，BC＜BF と分かったので，BE，BD の大小が分かります．つまり，

　　BE＞BD

となります．

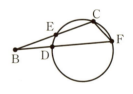

長い問題でした．

意外なことに，これが物理に生きてきます．その様子を見ていきましょう．ガリレオの視野の広さがうかがえます．

その前に，比の問題を1つやっておきましょう．これも，図形化することがポイントです．

問3

a, b, A, B は正の数とします.

$$a < A, \quad a - b > A - B > 0$$

のとき, $\dfrac{b}{a}$, $\dfrac{B}{A}$ のどちらが大きいでしょう?

例えば, $a=3, A=4, b=1, B=3$ は条件をみたしています.

$\dfrac{b}{a} = \dfrac{1}{3}$, $\dfrac{B}{A} = \dfrac{3}{4}$ はどちらが大きいでしょう?

明らかに $\dfrac{B}{A}$ の方が大きいですが, もちろん, これでは答えにならないのでしっかり考えます.

式変形で考えることもできますが, 少し特殊なやり方になります. まずここは, ガリレオ流に図形化してやってみましょう.

✓ 答1

長さが a, A の線分を横向きに描き, 線分内に右端から b, B だけ離れた点をとります. すると, 残りの長さが $a-b$, $A-B$ となります.

a に占める b の割合よりも, A に占める B の割合の方が大きいことを確認しましょう.

長さ a の線分を延ばして長さ A にすると, $a-b > A-B$ だったので, 左側の部分はより長くなります.

図を見ると, a に占める b の割合よりも, A に占める B の割合

第 6 章　予想を覆す　最速降下曲線

の方が大きいことが分かります．

よって，$\dfrac{b}{a} < \dfrac{B}{A}$ です．

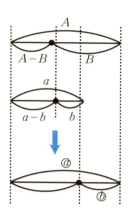

次は，これを式変形で証明してみましょう．

✓ 答 2

証明するためには，$\dfrac{B}{A} - \dfrac{b}{a} > 0$ を示せば良いのですが，左辺を通分すると $\dfrac{B}{A} - \dfrac{b}{a} = \dfrac{aB - bA}{aA}$ となるので，$aB - bA > 0$ を証明すれば良いことになります．特殊な変形をします．

$aB - bA$

$= aB - bA + \underline{ab} - \underline{ab}$ 　　同じものを足して引いています

$= aB - ab - bA + ab$

$= (B - b)a - (A - a)b$ 　……　(#)

となるのですが，$a - b > A - B$ より

$-b > A - B - a$ 　∴　$B - b > A - a > 0$

です．$a > b > 0$ も分かっているので，

　　（大）×「大」＞（小）×「小」

∴ $(B-b)a > (A-a)b$

より,

$(B-b)a - (A-a)b > 0$

が分かります. (#)より, $aB - bA > 0$ が分かり, ゆえに, $\dfrac{b}{a} < \dfrac{B}{A}$ です.

こんな式変形はなかなか思いつきません. どう考えても, 図を利用するガリレオの解法の方が鮮やかです!

では, これらの図形問題の結果と斜面落下時間の法則

$$T_2 : U_2 = \frac{l}{\sqrt{h}} : \frac{L}{\sqrt{H}} \quad \cdots\cdots\cdots \quad (*)$$

を踏まえながら, 本章の主テーマに進みましょう.

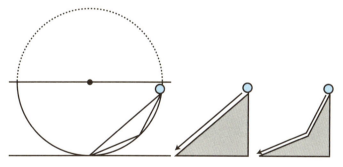

図のように, 円の中心よりは下にある部分から, 円の最下点に向けて斜面を作って, 玉を転がします. また, その途中の円周上に点をとり, そこを経由するような折れ線に沿った斜面も作っておきます. そのとき, 斜面の長さは, 真っ直ぐの方が短いのですが, 最下点に到達するまでに要する時間は, 折れ線の斜面の方が短いのです.

これをガリレオは証明しています. その流れを追いかけるために,

第6章　予想を覆す　最速降下曲線

本章のここまでに色々と準備をしてきたのです：
- 落下時間の法則（*）
- 円周上の点から斜面を作ると最下点までの時間はどれでも同じ
- 円と直線の図形問題（問2）
- 分数の大小関係の問題（問3）

問4

　中心より下にある円周上の点Aから玉を転がします．最下点Bにまっすぐ線分を引いた斜面と，途中の点Cを経由した折れ線状の斜面を比較しましょう．

　Aの高さに横線を引き，BCの延長線と交わる点をEとします．

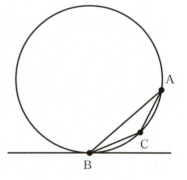

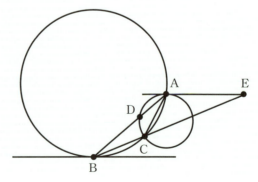

(1) AでAEに接していてCを通るような円を描きます．この円がABと交わる点をDとします．

　Aから2つの斜面に沿って同時に玉を転がすとき，折れ線に沿って玉がCに到達する時刻に，まっすぐ転がって玉が到達する点はDになります．その理由を説明してみましょう．

> これが分かれば，「A→BでのD→B」の時間と「A→C→BでのC→B」の時間を比較して，後者の方が短いことを証明すれば良いことになります．

(2) 「A→C」でのCにおける速さと「E→C」でのCにおける速さは等しいのでした（第3章で証明しました）．ゆえに，「A→C→BでのC→B」の時間と「E→BでのC→B」の時間は等しくなります．

　「A→B」の時間を1とすると，「A→D」，「E→B」の時間はどのように表されますか？　AB，AD，BEを使ってください．

　また，「E→C」，「A→BでのD→B」，「E→BでのC→B」の時間はどうでしょう？　AB，AD，BE，CEを使ってください．

第6章 予想を覆す 最速降下曲線

(3) 小円と BE の交点のうち C でない方を F とおきます．

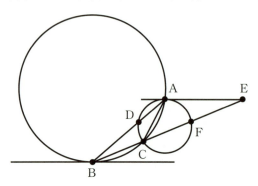

AB と BF はどちらが長いでしょうか？ また，BC と BD はどちらが長いでしょうか？

(4) $\dfrac{AD}{AB}$，$\dfrac{CE}{BE}$ のどちらが大きいでしょうか？ BE＞BF に注意！

(5) 「A→B」の時間よりも，「A→C→B」の時間の方が短いことを証明しましょう．その際，次のように変形しておきましょう．

「A→B での D→B」＝ $\dfrac{\sqrt{AB} \times BD}{AB(\sqrt{AB}+\sqrt{AD})}$

「E→B での C→B」＝ $\dfrac{\sqrt{BE} \times BC}{AB(\sqrt{BE}+\sqrt{CE})}$

✓ 答
(1) 106ページの公式から分かります．こんな公式でした．

公式

円周上の点と最下点Pを結ぶ斜面，最上点から円周上の点に向かう斜面では，どんな斜面でも静止からの落下時間は等しい．

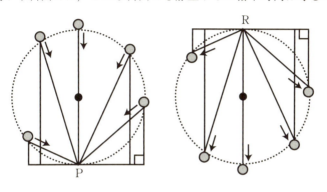

(2) 斜面の落下時間の比に関する公式（*）を用います．104ページのガリレオが得た究極の公式です．

公式

図のような2つの斜面がある．斜面に沿っての時間を T_2, U_2 とおくと，

$$T_2 : U_2 = \frac{l}{\sqrt{h}} : \frac{L}{\sqrt{H}}$$

「A→B」と「A→D」は同じ斜面の全体と一部になっているので，

第 6 章　予想を覆す　最速降下曲線

$$\lceil A \to B \rfloor : \lceil A \to D \rfloor = \frac{AB}{\sqrt{AB}} : \frac{AD}{\sqrt{AD}} = \sqrt{AB} : \sqrt{AD}$$

より，「A → B」= 1 とおくと，

$$\lceil A \to D \rfloor = \sqrt{\frac{AD}{AB}}$$

です．

「A → B」と「E → B」は同じ高さになっているので，

$$\lceil A \to B \rfloor : \lceil E \to B \rfloor = \frac{AB}{\sqrt{AB}} : \frac{BE}{\sqrt{AB}} = AB : BE$$

です．「A → B」の時間を 1 としているので，

$$\lceil E \to B \rfloor = \frac{BE}{AB} \quad \cdots\cdots\cdots \quad (\bigstar)$$

となります．

「E → C」は「E → B」の一部になっているので，

$$\lceil E \to B \rfloor : \lceil E \to C \rfloor = \frac{BE}{\sqrt{BE}} : \frac{CE}{\sqrt{CE}} = \sqrt{BE} : \sqrt{CE}$$

$$\therefore \quad \lceil E \to C \rfloor = \lceil E \to B \rfloor \times \frac{\sqrt{CE}}{\sqrt{BE}} = \frac{BE}{AB} \times \frac{\sqrt{CE}}{\sqrt{BE}} = \frac{\sqrt{BE}\sqrt{CE}}{AB}$$

です．（★）を利用しています．

最後に，「A→B での D → B」と「E → B での C → B」ですが，静止からの落下ではないため，(*) を利用することはできません．ここまでに求めてきたものを使って考えましょう．

「A→B での D → B」

$$= \lceil A \to B \rfloor - \lceil A \to D \rfloor = 1 - \sqrt{\frac{AD}{AB}}$$

$$= \frac{AB - \sqrt{AB}\sqrt{AD}}{AB} = \frac{\sqrt{AB}(\sqrt{AB} - \sqrt{AD})}{AB}$$

「E → B での C → B」

= 「E → B」 − 「E → C」

$$= \frac{BE}{AB} - \frac{\sqrt{BE}\sqrt{CE}}{AB} = \frac{\sqrt{BE}(\sqrt{BE} - \sqrt{CE})}{AB}$$

となります.

(3) 方ベキの定理などを用いて解いた問2の結果をそのまま使えます. (3)より AB＜BF,（4）より BC＜BD です.

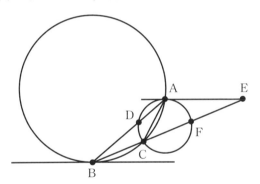

(4) 問3を思い出しましょう.

a, b, A, B が正の数で,

$a < A$, $a - b > A - B > 0$

のとき, $\dfrac{b}{a} < \dfrac{B}{A}$ となるのでした.

(3)で確認した大小関係が, この形になっていないでしょうか？ 問題文にあった「BE＞BFに注意！」も確認しておきましょう.

第 6 章　予想を覆す　最速降下曲線

　　$AB = a$, $AD = b$, $BE = A$, $CE = B$ とおいてみましょう．すると，

　　$a = AB < BF < BE = A$, $a - b = BD > BC = A - B$

となっているので，

$$\frac{b}{a} < \frac{B}{A} \quad \therefore \quad \frac{AD}{AB} < \frac{CE}{BE}$$

が成り立つことが分かります．

(5) (1)の問題中にある通り，「A→BでのD→B」の時間と「A→C→BでのC→B」の時間を比較して，後者の方が短いことを証明すれば良いのでした．しかも，(2)の問題文中から，「A→C→BでのC→B」と「E→BでのC→B」が等しいのでした．

　　指示のあった通りに(2)の結果を変形してみます．「A→BでのD→B」では，(2)の最後の式の上下に $\sqrt{AB} + \sqrt{AD}$ をかけます．その際，

$$(\sqrt{AB} - \sqrt{AD})(\sqrt{AB} + \sqrt{AD}) = (\sqrt{AB})^2 - (\sqrt{AD})^2$$
$$= AB - AD$$

となって，$AB - AD = BD$ とすることができ，これを利用します．つまり，

　　「A→BでのD→B」

$$= \frac{\sqrt{AB}(\sqrt{AB} - \sqrt{AD})}{AB}$$

$$= \frac{\sqrt{AB}(\sqrt{AB} - \sqrt{AD})(\sqrt{AB} + \sqrt{AD})}{AB(\sqrt{AB} + \sqrt{AD})}$$

$$= \frac{\sqrt{\mathrm{AB}} \times \mathrm{BD}}{\mathrm{AB}(\sqrt{\mathrm{AB}} + \sqrt{\mathrm{AD}})}$$

です．同様に，

$$\text{「E → B での C → B」} = \frac{\sqrt{\mathrm{BE}} \times \mathrm{BC}}{\mathrm{AB}(\sqrt{\mathrm{BE}} + \sqrt{\mathrm{CE}})}$$

と変形できます．

大小関係を比較しましょう．(3)より BD ＞ BC です．

$$\frac{\sqrt{\mathrm{AB}} \times \boxed{\mathrm{BD}}^{大}}{\mathrm{AB}(\sqrt{\mathrm{AB}} + \sqrt{\mathrm{AD}})} \qquad \frac{\sqrt{\mathrm{BE}} \times \boxed{\mathrm{BC}}^{小}}{\mathrm{AB}(\sqrt{\mathrm{BE}} + \sqrt{\mathrm{CE}})}$$

残りの $\sqrt{}$ 部分の大小を考えましょう．少し強引に変形します．

$$\frac{\sqrt{\mathrm{AB}}}{\sqrt{\mathrm{AB}} + \sqrt{\mathrm{AD}}} = \frac{1}{1 + \sqrt{\dfrac{\mathrm{AD}}{\mathrm{AB}}}}, \quad \frac{\sqrt{\mathrm{BE}}}{\sqrt{\mathrm{BE}} + \sqrt{\mathrm{CE}}} = \frac{1}{1 + \sqrt{\dfrac{\mathrm{CE}}{\mathrm{BE}}}}$$

ここで，(4)で $\dfrac{\mathrm{AD}}{\mathrm{AB}} < \dfrac{\mathrm{CE}}{\mathrm{BE}}$ となることが分かっていることを思い出しましょう．分母が大きい方が，値は小さくなります！

$$\frac{\mathrm{AD}}{\mathrm{AB}} < \frac{\mathrm{CE}}{\mathrm{BE}} \quad \therefore \quad \frac{1}{1 + \sqrt{\dfrac{\mathrm{AD}}{\mathrm{AB}}}} > \frac{1}{1 + \sqrt{\dfrac{\mathrm{CE}}{\mathrm{BE}}}}$$

ということです．

$$\frac{{}^{大}\sqrt{\mathrm{AB}} \times \boxed{\mathrm{BD}}^{大}}{\mathrm{AB}(\sqrt{\mathrm{AB}} + \sqrt{\mathrm{AD}})} \qquad \frac{{}^{小}\sqrt{\mathrm{BE}} \times \boxed{\mathrm{BC}}^{小}}{\mathrm{AB}(\sqrt{\mathrm{BE}} + \sqrt{\mathrm{CE}})}$$

よって，

「A → B での D → B」 ＞ 「E → B での C → B」

第 6 章　予想を覆す　最速降下曲線

が分かり，すべてまとめると，「A→B」よりも「A→C→B」の方が早く最下点に到着することが分かりました．

かなり長くなってしまいました．煩雑な計算もあり混乱してしまいます．ここでの証明はガリレオの意向に沿いながらも現代的にやってみましたが，ガリレオはもっと幾何的な証明をしています．

こうして，円周上の点を経由した斜面の方が，まっすぐの斜面よりも早く玉を最下点に届けることができることが分かりました！経由する点をもっと増やせば，もっと早くなります．もっともっと増やすともっともっと早くなります．これを無限に繰り返すと…

円に沿って転がせば，最も早く最下点に届くだろう！

とガリレオは考えたわけです．

しかし，経由点を円で考えるよりも「サイクロイド」で考える方がもっと早いのです．そのことを証明したのが，ヨハン・ベルヌーイなのです．これが最速になることも証明できるのです．そのためには微分方程式や変分という高度な技術を駆使する必要があるので，本書では扱いません．これらの手法はニュートンの力学でも重要なツールになりますし，アインシュタインの相対性理論でも用いられる道具です．

ガリレオの考えた理論は見事に覆されたのですが，

　　どんな斜面よりも円に沿う方が早い

は正しいことです．これだけでも十分に賞賛すべき結果です！

　最速降下曲線の話は，科学発展の流れの象徴のようなものです．それまでの理論を覆してきたガリレオも，後世の偉人によって否定され，理論を覆されるのです．もちろん，個人が否定されるわけではなく，その偉大な功績は，科学という人類の至宝の重要な部分を占めていることは間違いありません．

　内容的にかなりハードな章となりました．
　次章では，視点を変えて，放物線というテーマでガリレオの功績を覗いてみましょう．

第7章

放物線のことを考える

第7章 放物線のことを考える

放物線は，現代人は2次関数のグラフとして認識していますが，ガリレオの時代には，円錐曲線の1つとして捉えているのでした．

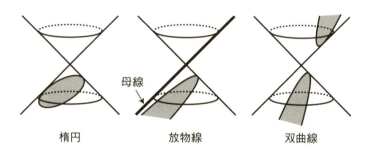

楕円　　　　　放物線　　　　　双曲線

円錐が2つくっついた図形を平面で切るとき，円錐の1つの「母線」と平行な平面で切って得られる「パラボラ」を紹介しました．この曲線が本当に2次関数のグラフ（放物線）になっているのでしょうか？

ここでは，再び「方べキの定理」

公式

円周上に4点 A，B，C，Dがあり，2直線 AC, BDの交点をPとおく．すると，Pが円の中にあっても，外にあっても，

$AP \cdot CP = BP \cdot DP$

が成り立つ．

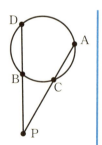

を用います．

パラボラが 2 次関数のグラフになることを示すために,まず次の問題を解いてみましょう.

✏️ 問 1

右の図において,
$AD : AE = BD^2 : EF^2$
となることを示します.

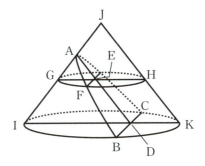

パラボラなので,AD と JK は平行です.また,G,F,H は底面と平行な 1 つの面で円錐を切ったときに得られる円周上にあります.E も同じ平面上にあります.

また,IK,GH は円の直径になっています.

(1) $BD^2 = ID \cdot DK$ および $EF^2 = GE \cdot EH$ を示しましょう.

(2) $DK = EH$ を示しましょう.

(3) $ID : GE = AD : AE$ を示しましょう.

(4) $AD : AE = BD^2 : EF^2$ を示しましょう.

✓ 答

(1) 底面の円において,方ベキの定理から,

$$BD \cdot DC = ID \cdot DK$$

が成り立ちます.IK が直径なので,B と C は IK に関して対称な位置にあり,BD = DC です.よって,

$$BD^2 = ID \cdot DK$$

が成り立ちます．

G，F，Hを通る円で方ベキの定理を考えて，同じく対称性を用いたら，

$EF^2 = GE \cdot EH$

となることも分かります．

(2) EHとDKは平行，DEとKHは平行です．よって，四角形DKHEは平行四辺形になります．

平行四辺形の性質から，DK = EH が成り立ちます．

(3) 三角形AIDに注目します．GEがIDと平行なので，三角形AGEは三角形AIDと相似になります．

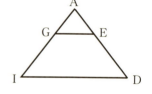

対応する辺の比が等しいので，

ID : GE = AD : AE

が成り立ちます．

(4) (1)の1つ目の式は

$BD^2 = ID \cdot DK$

でした．(1)の2つ目の式に(2)を代入して，

$EF^2 = GE \cdot DK$

となります．よって，

$BD^2 : EF^2 = ID \cdot DK : GE \cdot DK = ID : GE$

です．これに(3)を代入したら，

$BD^2 : EF^2 = AD : AE$

が成り立ちます．これが証明したいものでした．

これで，パラボラが2次関数のグラフになることが分かります．

確認しましょう.

簡単のために，BD = 1，AD = a の場合を考えてみます．EF = x，AE = y とします．すると，

$$BD^2 : EF^2 = AD : AE$$

より，

$$1 : x^2 = a : y$$

∴ $y = ax^2$

となります！ これぞまさに2次関数です．

現代流のやり方のように感じたかも知れませんが，実は，これはガリレオ流です．かなり高度なことをやっていたことが分かります！

やっと，パラボラが放物線（2次関数のグラフ）と一致することが分かりました．

ここで，ガリレオの失敗をお話ししておきます．

2日目のことなのですが，サグレドから「簡単に放物線を描く方法はないでしょうか？」と言われたサルヴィヤチ（ガリレオ）は，次のように答えています．

> 壁の同じ高さの所に2つの釘を打ち付けます．その釘に鎖をくくり付けてふわりとたるませます．そうすると，鎖の描く曲線が放物線になるので，印を付けていけば，正確に放物線を描くことができます．

第 7 章　放物線のことを考える

これは本当に放物線なのでしょうか？
この曲線と放物線と並べてみましょう．

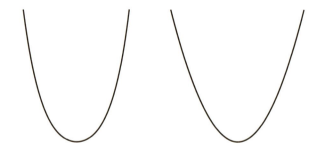

　右が放物線．鎖の曲線は，上の方にいくと放物線よりも開き方が足りないようです．これでお分かりの通り，鎖の曲線は放物線ではありません．これは「カテナリー」と呼ばれる曲線です．和名は「懸垂線」．式で書くと

$$y = a(e^{bx} + e^{-bx})$$

という形です．2 次関数の $y = ax^2$ とは丸っきり違うのです．

　このように誤ったところが含まれているのも「新科学対話」の面白いところです．まさに，科学が生まれる瞬間に立ち会っている感覚です！

では，4日目のテーマとなっている「最も遠くに飛ばすには？」に進んでいきましょう．

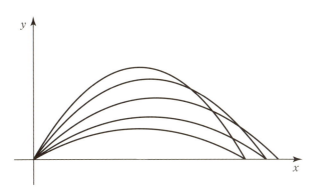

放物運動の法則から，「同じ速さ」で角度を変えて投げ出したときの物体の描く軌道は，様々な放物線になります．それを図示しました．

最も遠くまで飛んでいるものは，どのような角度で投げ出したものでしょうか？　高校物理を学んだ人はご存知の通りです．実は，45°の方向に投げ出したものになっています．

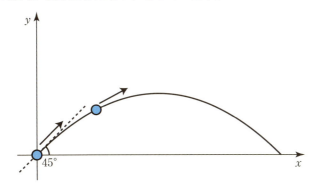

これを突き止めただけでなく，ガリレオは，投げ出す角度が

第 7 章　放物線のことを考える

「30°と60°のように足して90°になる」ような2つの軌道では，終点（地上に落ちる点）が一致することも証明しているのです．

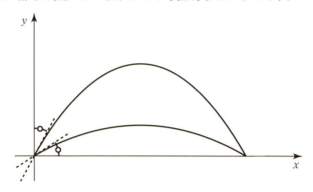

　これを確認していきましょう．ガリレオの手法は難解になるので，現代的にやってみます．

　第3章で導いた公式をもう一度整理しておきましょう．

　水平方向の速さ V，鉛直上向きの速さ U で原点から打ち出された玉の描く放物線の方程式は

$$y = -\frac{g}{2V^2}x^2 + \frac{U}{V}x$$

となるのでした．初速は $\sqrt{V^2 + U^2}$ と表されます．また，$g ≒ 9.8$ です．

問2

放物線 $y = -\dfrac{g}{2V^2}x^2 + \dfrac{U}{V}x$ において，$y=0$ となるときの x を求めてみましょう．ただし，$x=0$ ではない方です．

答

$y=0$ として，因数分解してみましょう．

$$-\frac{g}{2V^2}x\left(x-\frac{2UV}{g}\right)=0 \quad \therefore \quad x=\frac{2UV}{g}$$

これが分かっていれば，ガリレオの問題も解けたも同然です．

問3

投げ出す角度が「30°と60°のように足して90°になる」ような2つの軌道について考えます．

一方が水平方向の初速 V で，鉛直方向の初速が U としたら，他方の初速は，水平，鉛直方向それぞれどうなるでしょうか？

合わせて，終点（地上に落ちる点，つまり $y=0$ となる x）が一致することも証明しましょう．

答

図のように，足して90°になるような角度の方向を考えると，初速は水平方向と鉛直方向が入れ替わることが分かります．つまり，一方の

（水平方向の初速）$= V$，

（鉛直方向の初速）$= U$

第 7 章 放物線のことを考える

であれば,他方は

（水平方向の初速）$= U$,

（鉛直方向の初速）$= V$

です.

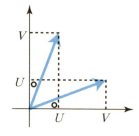

入れ替えたときの放物線は,

$y = -\dfrac{g}{2V^2}x^2 + \dfrac{U}{V}x$ の U と V を入れ替えた

$$y = -\dfrac{g}{2U^2}x^2 + \dfrac{V}{U}x$$

になります.

先ほどの問と同様に $y=0$ となるときの x を求めましょう. 元の放物線では $x = \dfrac{2UV}{g}$ でした. U と V を入れ替えた放物線では, U と V が入れ替わるだけで, $x = \dfrac{2VU}{g}$ となります. これは $x = \dfrac{2UV}{g}$ と一致していますので, 終点が一致することが分かりました.

問 4

投げ出す速さが一定のとき, 最も遠くまで飛ぶのは, どのような角度で投げ出したものでしょうか？

ただし, 初速 $\sqrt{V^2 + U^2} = A$ とおいておきます.

U, V が $V^2 + U^2 = A^2$ をみたして変化するときに, 終点を表す $x = \dfrac{2VU}{g}$ の値が最大になる U, V について考えたいのです.

答

$V^2+U^2=A^2$ をみたして U, V が変化するというのはどういうことでしょうか？ 図形的に表現してみましょう．

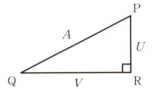

三平方の定理を考えると，U, V は斜辺 PQ の長さが A になるような直角三角形 PQR の2辺 PR，QR の長さになっています．

より分かりやすくすると，直径 PQ の長さが A になるような円を描いて，その弧の上に点 R をとって，直角三角形 PQR を作ります．この2辺の長さが

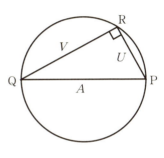

$$PR = U, \quad QR = V$$

となっているわけです．

このときに，積 UV の値を調べたいのですが，実は，これにも図形的な意味があります．

直角三角形 PQR の面積が

$$\frac{1}{2} \cdot PR \cdot QR = \frac{1}{2} UV$$

となることを思い出しましょう．

そう，直角三角形 PQR の面積のちょうど2倍になっています．ということは，R が円周上を動くときに，直角三角形 PQR の面積が最大になる位置を考えたいのです．

第 7 章　放物線のことを考える

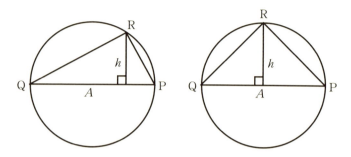

　実は三角形 PQR の面積は，別のとらえ方があります．PQ を底辺と考えたときの高さを h とおくと

$$\frac{1}{2} \cdot \text{PQ} \cdot (\text{高さ}) = \frac{1}{2} Ah$$

です．これが最大になる R の位置は，どこになるでしょうか？

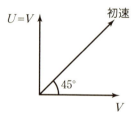

　PQ $= A$ が一定なので，R から PQ に引いた垂線の長さ（高さ h）が一番大きくなるときが答えです．それは，もちろん，R が PQ のちょうど真ん中に来るときで，言い換えると，直角二等辺三角形になるときです．このときには，$U = V$ となります．

　よって，45°の方向に投げ出すときに，最も遠くまで飛ぶことが分かります．

　これが大きな目標の1つでした．

　放物線が2次関数のグラフと一致することで，放物運動の挙動を把握することができたのです．

　放物線については，「新科学対話」の中にもう1つ，面白いテー

マがあります．それを紹介しましょう．

話は2日目にさかのぼります．

テコの原理を用いて柱の耐久性を調べていたところです．

サルヴィヤチ（ガリレオ）は究極の柱を作ろうとします．それがどんなものであるかを説明しましょう．

内容を少し思い出しておきましょう．

幅 a が一定の柱があるとします．自重は無視して，どれくらいの重さに耐えられるかを計算したのが2日目です．

公式

端から L の所で厚み l の柱はこの L の場所で

$$（耐えられる重さ）= A\frac{l^2 a}{L}$$

という公式を導きました（A は定数）．

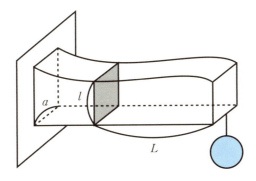

L と l の値から，柱の各位置において耐えられる重さを求めることができます．

第 7 章　放物線のことを考える

　例えば，直角二等辺三角形状の柱があるとします．すると，$l = L$ ですので，L の位置において

　　（耐えられる重さ）

$$= A\frac{L^2 a}{L} = AaL$$

となります．つまり，AaL の重りを付けると，L の所か，その手前のどこかで折れてしまうのです．

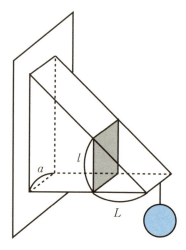

　例えば，長方形状の柱なら，l は一定になります．ゆえに，

　　（耐えられる重さ）$= A\dfrac{l^2 a}{L}$

は，L に反比例しています．L が小さいほど耐えられる重さは大きく，L が大きいと耐えられる重さは小さくなります．根元（壁にくっついている所）が一番弱いので，折れるのは根元からになるでしょう．

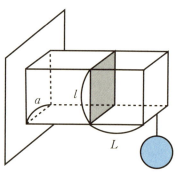

　そう考えてきたときに，ある重さに耐えられる柱を作りたいとして，もっとも無駄のないものを求めたいのです．つまり，

🗨️ **論点**

$\left[\begin{array}{l}\text{端からの距離} L \text{によらず,どの位置であっても耐えられる重}\\ \text{さが等しくなるような柱の厚み} l\end{array}\right]$

を考えたいのです.厚み l は,位置 L によって変化します.そうなるときの l, L の関係はどんなものでしょうか?

(耐えられる重さ) $= A \dfrac{l^2 a}{L}$

が一定になるのは,もちろん,

(耐えられる重さ) $\times L = A a l^2$

となるものです.L が l^2 で表されているので,L は l の 2 次関数です.

これは,柱としてどんな形状になるでしょうか?

右端からの距離 L が厚み l の 2 次関数になるので,次のような形の柱です.

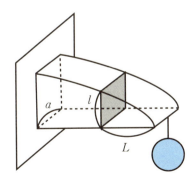

というわけで,ガリレオの考える究極の柱は,放物線で作られるのです.

第 7 章　放物線のことを考える

　「こんな柱を作ってどうするの？」と現実的な疑問を感じてはしまいますが，こんなところでも放物線が出てくるというのは，とても面白い結論でした．

第 8 章

エネルギーという
近代的視点

第8章 エネルギーという近代的視点

本章では,本編で言葉だけ登場したエネルギーに関して簡単に説明していきます.ガリレオの業績ではありませんが,補講として紹介していきます.参考として,事実のみを述べたり,イメージ重視で説明していきます.

物理で登場する様々な物理量は,「次元」によってとらえることができます.つまり,基本的な物理量

　　長さ L (length)

　　質量 M (mass)

　　時間 T (time)

に関する式でとらえます.

例えば,速度は m／秒のように(長さ)÷(時間)と表現される物理量で,次元としては

　　[速度] = $[LT^{-1}]$

という次元式で表されます.他には

　　[面積] = ?,[体積] = ?

などはどうでしょうか?

もちろん,

　　[面積] = $[L^2]$,

　　[体積] = $[L^3]$

です.

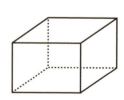

速度の変化である加速度はどうでしょうか?

　　[加速度] = $[LT^{-2}]$

となるのですが,理由は分かりますか?

「毎秒どれだけ速度が変化するか?」が加速度なので,

(m／秒)÷秒＝m／秒^2

と考えれば良いでしょう．あるいは，加速度 a が一定のとき，初速 0 であったら時刻 t における速さ v は

$v = at$

となるのでした．a は速度を時刻で割った量（正しくは，速度を時刻で微分した量）なので，次元は

[加速度] ＝ $[LT^{-2}]$

となるのです．

[速度] ＝ $[LT^{-1}]$

となるのも，速度が「長さ（移動距離）を時刻で微分した量」になっていることからも分かるのです．

では，次の次元式で表される量として何が考えられるでしょう？

$[LMT^{-2}]$ ＝ [？？]

加速度 $[LT^{-2}]$ に質量 $[M]$ をかけています．ma と言えば，何だったでしょうか？

運動方程式 $ma = f$ でしたから，

[力] ＝ $[LMT^{-2}]$

です．f は force からきています．ちなみに，速度は velocity ですし，加速度は acceleration です（車の加速装置をアクセルと言いますね）．

さて，ここからが本題です．

$[L^2MT^{-2}]$ という次元式で表される物理量があります．実は，これが「エネルギー」と呼ばれるものです．「仕事」と呼ばれることもあります．この式の意味を考えてみましょう．

第8章 エネルギーという近代的視点

[力] = [LMT^{-2}] に [L] を掛けているというのが正解（の1つ）です．

(エネルギー) = (力) × (移動距離)

質量 m の物体を高さ h まで持ち上げるとき，重力 mg（下向き，g は重力加速度で約9.8）に逆らって，上向きに mg の力を働かせて h だけ移動させることになりますから，下にあった状態から

(エネルギー) = mgh

だけ増加するのです．このエネルギーを「位置エネルギー」と言います．持ち上げた人が物体に対して行った「仕事」が mgh です．

位置エネルギーと並び重要なのが，「運動エネルギー」です．質量 m で速さ v で移動する物体は

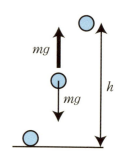

(運動エネルギー) = $\dfrac{1}{2} mv^2$

をもっています．次元を考えると，

[質量] = [M]，[速度] = [LT^{-1}]

ですから，

[運動エネルギー] = [L^{2}MT^{-2}]

となっており，エネルギーの次元式になっています．

では，係数の $\dfrac{1}{2}$ は，何を意味しているのでしょうか？

(エネルギー) = (力) × (移動距離)

という定義に忠実に考えてみます．

速さ v で進む質量 m の物体に一定の力 f を働かせます．このと

きの加速度を a としたら，

$f = ma$

という関係が成り立ちます．

この力を時刻0から働かせたら，時刻 t での速さは $v - at$ となります．これが0になる時に静止します．その時刻は

$v - at = 0$ $\therefore$ $t = \dfrac{v}{a}$

です．

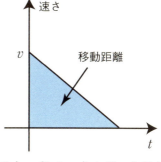

この時刻までの移動距離 L を考えると，fL のエネルギーを与えることで静止したわけですから，それこそが，運動する物体が元々もっていたエネルギーとなるのです．

移動距離 L は三角形の面積を考えると分かります．

$L = \dfrac{1}{2} \cdot v \cdot \dfrac{v}{a} = \dfrac{v^2}{2a}$

$fL = ma \cdot \dfrac{v^2}{2a} = \dfrac{1}{2} mv^2$

これが運動エネルギーです．係数の $\dfrac{1}{2}$ は三角形の面積の公式から得られるのです．

もちろん，力が一定でない場合もあります．そのときは，面積を積分で求めることになります．エネルギーは積分で求める量のようです．

エネルギーには，他にも「バネの弾性力による位置エネルギー」「熱」「電気エネルギー」「核エネルギー」などがあります．これら

第8章 エネルギーという近代的視点

のエネルギーはお互いに変換可能で，例えば，位置エネルギーを電気エネルギーに変換することができれば，発電ができるのです．

水力発電は，

　　高所にある水の位置エネルギー

　　　　　↓

　　発電機のタービンの回転

　　　　　↓

　　電気エネルギー

　　　　　↓

　　電線を介して送電

という流れになっています．

エネルギーを扱う上で重要なのは，「エネルギー保存則」です．

エネルギー保存則

> エネルギーの変換において，関係したすべてのエネルギーの和は一定である

先ほどの水力発電では，

　　タービンを回転させるときの軸の抵抗による放熱

　　送電中の放熱

などにより，元々の位置エネルギーの一部しか電気エネルギーに変換されず，利用できる電気エネルギーは，元々のエネルギーよりもずっと少なくなっています．この減少を押さえてエネルギー効率を高めたいのです．

では，原子力発電はどのようなものでしょうか？

そのために，アインシュタインの特殊相対性理論でおなじみの

$E = mc^2$ （c は光速，およそ 300 000 000 m/s）

について，簡単に確認しておきましょう．

原子は

原子核…陽子と中性子の集まり

電子

から成り立っており，その質量のほぼすべては原子核の部分にあります．陽子と中性子はほぼ同じ質量（a とおきます）です．これらが何個か集まって原子核ができている（全部で n 個）とします．すると，単純に考えると，原子の質量は

$a \times n$

となりそうな気がします．しかし，実は，そうではないのです．

実際の原子の質量は an よりも少し小さくなります．この質量欠損を

$m = an - $（実際の原子の質量）

とおくと，$E = mc^2$ が原子核の「結合エネルギー」になっているのです．

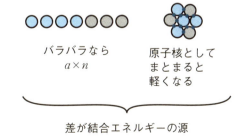

そして，原子核が融合したり，分裂したりすると，このエネル

第 8 章 エネルギーという近代的視点

ギーが外に出てきて，エネルギーを取り出すことができるのです．

原子力発電では

  原子核の結合エネルギー

    ↓

  熱エネルギー

    ↓

  水を沸騰させて，蒸気を発生

    ↓

  発電機のタービンを回転

    ↓

  電気エネルギー

とエネルギー変換しているのです．元々のエネルギーは特殊なものですが，その後は，蒸気を使ってタービンを回転させるわけですから，火力発電と変わらないのです．

　エネルギーは，「現在の状態であるために過去に何があったか？」の蓄積となっています．ですから，途中経過ではなくて，最後の結果だけを知りたいというときに，計算上有効になることがあります．そんな例を挙げておきましょう．第 3 章の問 4 です．

問4

「斜面を落下する玉が地面に到達するときの速さは、高さが等しいなら、傾斜によらずすべて等しい」ことが分かります。この理由を説明しましょう。

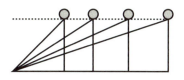

答

地面を基準（つまり高さ0）として、斜面の高さを h とします。すると、落下前に玉は mgh の位置エネルギーをもっています。

地面に到達すると、位置エネルギーは $mg\,0=0$ となっています。もともとのエネルギー mgh は運動エネルギーに変換されています。速さを v とすると、斜面の形状によらず、

$$\frac{1}{2}mv^2 = mgh \quad \therefore \quad v = \sqrt{2gh}$$

となります。

現実の世界では、玉と斜面の間に摩擦があり、位置エネルギーのいくらかは熱に変換されます。ですから、答えの v よりも少し小さくなります。摩擦によるエネルギー損失は、斜面の材質や長さによって変わりますから、速さも斜面によって変わってきます。

このように、現実の世界でエネルギー保存則の成立を厳密に確かめるのは至難の技です。本当にエネルギー保存則が成り立つことを確認するには、地球全体のエネルギーを考えても不十分で、宇宙全

第 8 章　エネルギーという近代的視点

体で考えなければならないのでしょう．もちろん，それは不可能です．だから，モデルを作るのです．理想的な世界のモデルを作り，現実を近似的にとらえていくのが物理です．その一端が垣間見えるでしょう．

　本章では，ガリレオとは直接は関係ないエネルギーについて説明しました．より広い視点から物理のすべてを統一できるような理論を構築すべく，現代の物理も進化を続けています．一方で，実験・観測を繰り返してピンポイントの深い深い研究が進められている分野もあります．それは現代数学も同様です．

　その中には確かにガリレオの精神は残っています．

参考文献

1) ガリレオ・ガリレイ / 訳：今野　武雄・日田　節次 / 新科学対話　上・下 / 岩波書店
2) 加藤　勉 / ガリレオ・ガリレイの『二つの新科学対話』静力学について / 鹿島出版会
3) 吉田　信夫 / ニュートンとライプニッツの微分積分 / 技術評論社
4) 吉田　信夫 / ユークリッド原論を読み解く / 技術評論社
5) 都築　嘉弘・井上　邦雄 / チャート式シリーズ　新物理　物理基礎・物理 / 数研出版

あ と が き

ガリレオ・ガリレイの偉大さは伝わったでしょうか？

　絶筆「新科学対話」の内容に沿いながらガリレオの功績を紹介してきました．工夫をこらした実験を行って旧理論を否定し，数学の力で新理論を構築する姿は，痛快そのものです．現代風に言うと，クリティカル・シンキング．論理的におかしい部分を正確に見抜く技術のことです．21世紀に必要な能力とされていますが，400年以上前にしっかり実践されていたのです．何かを切り開いていく人に必須のスキルです．その重要性は時代によらず不変なのです．

　本書では，現代人に分かりやすいように気をつけながら，ガリレオの考えたことが伝わるように工夫したつもりです．ガリレオが文字式を使いこなしていた，というわけではありません．
　当時は，微分積分などの高度な数学が発展していないため，論証は幾何的に行われています．ユークリッドの原論とあまり変わらないような論法です．時間を表す長さを設定して議論したり，高度な算数のようなやり口です．
　だからこそ，数学ができる人だったのだな，と実感できないでしょうか？　少ない道具を使いこなして高度な結果を導くことがで

きる人こそ，真に「すごい人」と言えるでしょう．

　また，本書では，数学や物理の専門的な話はあまり入れていません．専門的な内容にも興味を持たれた方は，参考文献などを読んでいただければ，ガリレオの偉大さをより実感してもらえることと思います．特に，最速降下曲線の部分は，十分に説明できておらず，その点は心残りです．微分方程式や変分について，また別の機会があればご紹介したいと思っています．

　ガリレオの時代，数学と理科は一体であったはずです．
　ですが，現代の科目として見たら，数学と理科は分けて扱われています．これらをまとめて学ぼうという新科目「理数探求」が注目されています．まさに温故知新．ガリレオの偉大さを再発見する科目と言えるのではないでしょうか．

　これからの時代を生きていく上で，ガリレオの人生を知るのはとても意味のあることだと実感できます．それを紹介できたことを光栄に思いますし，執筆の話をくださった担当の成田さんにも感謝しています．ガリレオを調べることで，私の人生にも好影響を与えてもらいました．

索 引

記号

∞（無限大）	75
$ma=F$	15

あ行

アインシュタイン	51
アリストテレス	9, 88
位置エネルギー	96
移動距離	47
運動エネルギー	96
運動方程式	15
エネルギー	96, 143
エネルギー保存則	146
円錐曲線	61, 126
鉛直下向き	60
音階	28

か行

加速度	56, 142
カテナリー	130
ガリレオ・ガリレイ	8
慣性の法則	16, 42, 61
凝集力	24
距離	42, 44
結合エネルギー	147
ケプラー	10
ケプラーの法則	11
懸垂線	130
原論	14
公理	43
コペルニクス	10

さ行

サイクロイド	80, 103

最速降下曲線	103
最短経路	102
時間	42, 44
仕事	143
シャンデリア	28
集合の濃度	74
終端速度	28, 91
自由落下	58, 103
重力	51
重力加速度	70
ジョルダーノ・ブルーノ	12
新科学対話	8
真空	24
積分	49
双曲線	61, 126
相似	22
相対性理論	51

た行

楕円	61, 126
力のモーメント	30
地動説	10
テコの原理	29
天動説	10
天秤の法則	29
等加速運動	49
等時性	93
等速運動	47
等速直線運動	42, 43
特殊相対性理論	147

な行

ニュートン	15

は行

破壊抵抗力	29, 33
はじきの法則	42
速さ	42
パラボラ	61, 126
比	70
微分積分	15
微分方程式	92, 103
物体の運動	42
物体の落下速度	88
プトレマイオス	10
振り子時計の原理	16
振り子の周期	94
振り子の等時性	16
平方数	75
変分	103
放物運動	60, 61

索 引

放物線	61, 126
方べきの定理	108, 126
母線	61, 126

ま行

無限	74
無限小	74

や行

ユークリッド	14
有限	74
ヨハン・ベルヌーイ	103

ら行

落下速度	26
量子力学	16

Memo

Memo

著者プロフィール
◎研伸館（けんしんかん）

1978年，株式会社アップ（http://www.up-edu.com）の大学受験予備校部門として発足（兵庫県西宮市）．

2016年現在，西宮校，住吉校，三田校，川西校，阪急豊中校，上本町校，天王寺校，学園前校，高の原校，京都校の10校舎を関西地区に展開．

東大・京大・阪大・神戸大などの難関国公立大学や早慶関関同立などの難関私立へ毎年多くの合格者を輩出する現役高校生対象の予備校として，関西地区で圧倒的な支持を得ている．

http://www.kenshinkan.net

著者紹介
◎吉田 信夫（よしだ・のぶお）

1977年　広島で生まれる
1999年　大阪大学理学部数学科卒業
2001年　大阪大学大学院理学研究科数学専攻修士課程修了

2001年より，研伸館にて，主に東大・京大・医学部などを志望する中高生への大学受験数学を担当し，灘校の生徒を多数指導する．そのかたわら，「大学への数学」などの雑誌での執筆活動も精力的に行う．

著書『複素解析の神秘性』（現代数学社 2011），『虚数と複素数から見えてくるオイラーの発想』（技術評論社 2012），『"数学ができる"人の思考法』（技術評論社 2015）など多数．

ガリレオ・ガリレイは数学でもすごかった!?
～数学から物理へ 名著「新科学対話」からの出題～

2016年11月25日 初版 第1刷発行

編　集	株式会社アップ
著　者	吉田 信夫
発行者	片岡 巌
発行所	株式会社技術評論社
	東京都新宿区市谷左内町21-13
	電話 03-3513-6150　販売促進部
	03-3267-2270　書籍編集部
印刷・製本	港北出版印刷株式会社

定価はカバーに表示してあります。

本書の一部、または全部を著作権法の定める範囲を超え、無断で複写、複製、転載、テープ化、ファイルに落とすことを禁じます。

©2016 株式会社アップ

造本には細心の注意を払っておりますが、万が一、乱丁（ページの乱れ）や落丁（ページの抜け）がございましたら、小社販売促進部までお送りください。送料小社負担にてお取り替えいたします。

ISBN978-4-7741-8434-0　C3041
Printed in Japan

●装丁
中村友和（ROVARIS）

●本文デザイン、DTP、イラスト
株式会社新後閑